농촌마을길, 강변따라 쉬엄쉬엄 걷기

그린로드

농촌진흥청 엮음

Greenload

21세기사

도보여행길과 연계한 그린로드 개발

　최근 걷기여행은 전 세계적 뿐만 아니라 국내에서도 붐을 이룰 정도로 하나의 문화적 현상을 나타내고 있습니다. 이에 따라 정부 각 부처 및 지자체에서는 전국적으로 길 만들기 사업을 추진하고 있습니다.

　그러나, 이러한 최근의 길 사업은 대부분 농촌지역을 관통하고 있음에도 불구하고 농촌마을과 연계되지 못하고 있고, 농촌지역 활성화와 농외소득 향상으로도 이어지지 못하고 있다는 문제점이 드러나고 있습니다.

　따라서 저희 연구진은 2009년에 '어메니티의 길'로 개념화 하고, '농업과 농촌을 도시민의 생활과 이어주는 초록의 망(네트워크)' 이라고 정의한 그린로드를 확대하여, 금년에는 전국의 지역별로 계획된 장거리 도보여행길과 연계한 그린로드를 개발하게 되었습니다.

　이번 그린로드의 개발방향 및 개발요소 설정과 최종 지역 선정을 위해 관련 전문가 협의회를 시행하여 그 결과를 바탕으로 전국 36개 농촌마을을 현장 조사

하고 주요 강 유역과 지역별 도보여행길 또는 자전거길 등의 계획 구간과 연계된 15개소의 그린로드를 확정하였습니다.

이러한 기존 길 사업과 연계한 강변 그린로드 개발은 도보여행자, 자전거이용자, 등산객 등이 농촌마을에서 숙박, 식사, 휴게시설 등을 이용하도록 유도하여, 농촌지역 기존 시설의 활용성 증대와 프로그램 개발로 농외소득을 제고할 수 있을 것으로 기대합니다.

이 책을 통하여 도시민은 더욱 친근하고, 편리하게 농촌마을을 찾게 되고, 농촌주민은 지역 활성화의 새로운 기회를 찾는 계기가 되기를 소망합니다.

엮은이 **임 창 수**

차 례

한강 유역

연꽃에 실려가는 구름처럼

연꽃 건넌들마을 | 연꽃강변길

꽃·빛·향이 우거진 연못 위로 물닭이 난다. 보리새우가
뛴다. 연잎 위에 하늘이 내려와 앉았다. 수면 위로 펼쳐진
연꽃들의 향연이 무릉 그 자체다. 저 연못 속 어딘가에
용궁이 있을 것이다. 그 용궁 속엔 틀림없이 가슴이 따뜻한
사람들이 살고 있을 것이다. 성긴 빗방울이 한바탕 훑고
지나간 뒤에도 꽃은 여전히 따뜻하다. 이곳 연꽃건넌들
마을에선 누구나 연꽃 속에 누워 잠시 잠을 청해도 좋다.

연꽃강변길

연꽃 건넌들마을

*강원 화천군 하남면 서오지리

연꽃에 실려가는 구름처럼

흐르는 것이 어디 물뿐이랴.

연꽃에 실려가는 구름처럼 춘천 호반 길이 미끄러지듯 흐른다. 강물에 실려, 세월에 실려 가끔 몸을 뒤채기도 하면서 내일을 향해 흐르고 있다. 길은 아파도 아프다 말하지 않고, 슬퍼도 슬픔을 드러내는 법이 없다. 길은 그저 묵묵히 그러나 결코 멈추지 않는다. 우리네 삶이 언제나 뜨겁고 벅찬 이유는, 세상 그 어떤 것도 다 받아주는 길의 너그러움이 있기 때문이다. 순간과 순간이 모여 영원이 되듯이, 길 위에서의 이 짧은 여정을 나는 어떻게 기록해야 할까.

다리를 빨리 지나가는 사람은 다리를 외롭게 하는 사람이네

　　　　　　　　　－이성선 시인 「다리」 중에서

춘천호 최상류에 도달해서야 길은 잠시 숨을 고른다. 외로움에 지친 한 개비 담뱃대 같은 다리 앞에서 나도 잠시 보폭을 줄인

다. 춘천과 화천의 경계를 힘겹게 지탱하고 있는 건넌들다리. 이 다리를 건너면 연꽃건넌들마을이 있다. 강 건너에 들이 있다고 하여 이름 붙여진 건넌들마을엔 지금 연꽃이 한창이다. 마을 이름이 주는 묘한 뉘앙스가 궁금증을 재촉한다. 하지만 이성선 시인의 「다리」라는 시를 접하고 나서부터 나에겐 다리를 천천히 건너는 버릇이 생겼다. 나로 인해 다른 누군가가 외로워진다는 건 죄를 짓는 일일 터, 최대한 천천히 다리를 건넌다.

꽃·빛·향이 우거진 연못 위로 물닭이 난다. 보리새우가 뛴다. 연잎 위에 하늘이 내려와 앉았다. 수면 위로 펼쳐진 연꽃들의 향연이 무릉 그 자체다. 저 연못 속 어딘가에 용궁이 있을 것이다. 그 용궁 속엔 틀림없이 가슴이 따뜻한 사람들이 살고 있을 것이다. 성긴 빗방울이 한바탕 훑고 지나간 뒤에도 꽃은 여전히 따뜻하다. 이

연꽃에 실려가는 구름처럼

연꽃 건넌들마을

● 연꽃강변길

곳 연꽃건넌들마을에선 누구나 연꽃 속에 누워 잠시 잠을 청해도 좋다. 연꽃 속에
서의 숙박은 무료란다. 춘천댐 건설로 강 건너에 있다던 들은 모두 물속에 갇혀버
린 이 척박한 땅에 어떻게 연을 심을 생각을 했을까.

"이곳은 댐 상류라 유기물 토사가 쌓여 수심이 낮고 물이 따뜻하지요. 그런데 어
디서 흘러들어왔는지도 모르는 어리연이 자리를 잡더니 번식을 하는 거예요. 거기
서 착안을 해서 본격적으로 연을 연구하기 시작했죠. 연이 있는 곳이면 그곳이 어
디든 전국 각지를 떠돌아 다녔어요. 한마디로 연에 미쳐버린 거죠."

그렇게 시작한 연 농사가 지금은 무려 250여종이나 된단다. 그것도 농약을 칠 수
없는 수자원보호구역이라 자연친화적 방법으로만 이룬 성과란다. 게다가 일체의

연꽃에 실려가는 구름처럼

연꽃 건넌들마을

● 연꽃강변길

비료도 주지 않는단다. 부들을 비롯한 수생식물만도 64종. 그러다보니 자연스럽게 토종 물고기들이 모여들었다. 보리새우, 참게, 장어, 메기, 토종붕어, 자라… 상류에서 흘러들어오는 지촌천의 맑은 물이 이 연밭을 통과하면서 자연정화가 이루어진다. 연못과 강의 경계가 모호하다. 어디가 강이고 어디가 연못인지 둑이 없었다면 구분하기 어려울 것 같다. 연밭 사이로 난 둑길을 걷는다. 무릉도원을 걷는 기분이 이러하리라. 물 위에 떠가는 한 점 저 연꽃잎은 어디로 가시는가. 고개를 길게 빼고 연밥이 쳐다보는 세계는 또 어디인가.

연꽃건넌들마을은 물길과 산길이 어우러진 동화 같은 마을
이다. 산 뒤편 동구레마을로 난 산길을 따라가면 온갖 야생
화들이 따뜻한 미소로 사람을 반긴다. 이 길은 앞으로 둘레
길로 조성될 계획이란다. 또한 겨울이면 얼어붙은 호수 위
에서 빙어낚시를 즐길 수 있단다. 하여 지금은 많은 문화예
술가들의 발길이 늘고 있고 현재 이 마을에서 창작활동을
하는 예술가들도 있다. 연꽃체험관에서 내려다보는 강물 위

로 연꽃 같은 구름이 떠있다. 저 구름도 이 마을을 떠나고 싶지 않았으리라. 연꽃에 실려가
는 구름처럼 건넌들마을에 오면 누구나 무릉을 맛볼 수 있다.

연꽃강변길 느리게 걷기 逍遙

● 연계 가능한 도보여행길 소개

≫ MTB 파로호 산소 100길
- 화천군 관내에서 조성하였으며 화천천 수로길을 모두 돌아보는 자전거 코스로 화천생활체육공원에서 출발하여 4계절 녹색휴양지 붕어섬, 연꽃단지, 전설이 깃든 미륵바위, 1944년 북한강 협곡을 막아 축조한 화천수력발전소 등을 둘러 볼 수 있는 코스이다. 총 42.2km이며 소요시간은 3시간이다.

≫ 동려이십삼선로
- 화천군 관내에서 빼어난 생태길 23코스를 정해 함께 걷는 스물세개의 신선의 길인 '동려이십삼선로(同侶二十三仙路)'를 조성하였다. 이 중 두, 세 번째 길인 '연꽃길', '연꽃과 함께하는 수변복원길'이 마을의 길이며 호반의 숲길을 따라가는 매혹적인 길이다. 이 길은 네 번째 길인 '물위 야생화길'로 이어진다.
- 연꽃건넌들마을은 MTB 파로호 산소 100길, 동려이십삼선로의 코스에 속해 있다.

● 그린로드 코스 소개

≫ 연꽃강변길
- 그린로드인 연꽃강변길은 순환형 루트로서 수려한 연꽃과 강변을 따라 거닐며 수변 및 야생화 경관, 그리고 도예공방, 연을 활용한 체험 및 음식 등을 경험할 수 있는 길이다. A구간인 연꽃둘레길 코스에서 수생식물관찰을 할 수 있으며, 이어진 호반의 숲길을 따라 B구간인 강변야생화길을 걸으면 반평생 야생화에만 매달린 이가 온실을 지어 야생화를 기르는 동구래마을 도예공방에 도착한다. 이 곳은 야생화 및 도예체험을 경험할 수 있다. 동구래마을 안쪽에 C구간인 두 곳의 산책코스가 있는데 그 중 한 곳을 택하여 산책로를 걸어 오면 연꽃건넌들마을의 연가공공장을 지나 다시 연체험관으로 돌아오게 되는데 이 곳에서는 연을 이용한 다양한 음식을 체험할 수 있다.

A(연꽃둘레길) 코스
(약 1.5km, 약 25분 소요)
: 연체험관-연꽃둘레길-연처

연꽃 건넌들마을 찾아가는 길

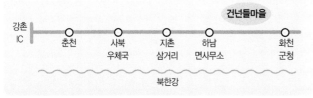

강촌 IC — 춘천 — 사북 우체국 — 지촌 삼거리 — 하남 면사무소 — **건넌들마을** — 화천 군청

북한강

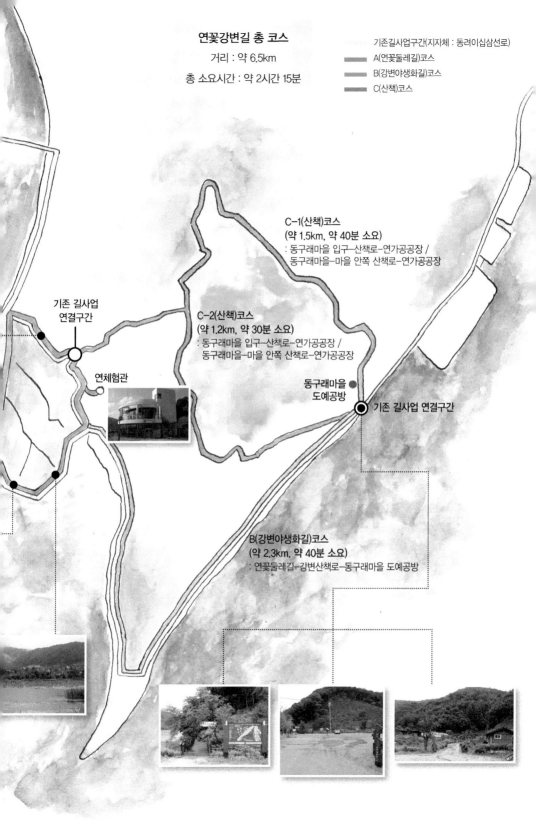

연꽃강변길 총 코스

거리 : 약 6.5km

총 소요시간 : 약 2시간 15분

기존길사업구간(지자체 : 동려이십삼선로)

A(연꽃둘레길)코스

B(강변야생화길)코스

C(산책)코스

C-1(산책)코스
(약 1.5km, 약 40분 소요)
: 동구래마을 입구—산책로—연가공공장 /
동구래마을—마을 안쪽 산책로—연가공공장

C-2(산책)코스
(약 1.2km, 약 30분 소요)
: 동구래마을 입구—산책로—연가공공장 /
동구래마을—마을 안쪽 산책로—연가공공장

기존 길사업
연결구간

연체험관

동구래마을
도예공방

기존 길사업 연결구간

B(강변야생화길)코스
(약 2.3km, 약 40분 소요)
: 연꽃둘레길—강변산책로—동구래마을 도예공방

봄 **야생화 구경하기**

Spring

봄이라고 하면 사실 북한강에 와서 공기 한 모금 마시는 것, 산자락에 파랗게 싹이 나는 풀 하나도 새롭다. 요즘은 재배되는 꽃들이 내도록 시장에 나오긴 하지만 봄날에 거친 땅위로 피어나는 야생화는 가슴을 설레게 한다. 야생화 앞으로 달려가 꼬옥 안아 주고 싶은 충동이 생긴다. 봄에 피는 야생화는 그만큼 강렬하다. 아직은 찬바람속에 지천으로 피어있는 야생화를 볼 수 있다. 더불어 아직 잎이 나지는 않았지만 연밭을 보는 것도 좋다. 우리는 항상 연꽃을 보러간다. 봄이나 겨울의 연밭을 한번 보는 것도 나쁘지 않을 것이다. 물속 깊이 잠들어 있는 연을 마음속으로 들여다 볼 필요가 있다.

연꽃 건넌들마을에 가면…

여름   *연꽃축제*

사람들은 연꽃이 더러운 물에서도 깨끗하게 자란다고 생각한다. 그런데 연꽃이 자라는 진흙과 습지는 절대 더러운 곳이 아니다. 연은 정화능력이 식물 중에는 최고이기 때문에 더 그렇다. 그저 사람들 눈에 그리 보일뿐이다. 어찌 보면 연이 사는 곳이 가장 깨끗한 곳이다. 연꽃건넌들마을에 와보면 알 수 있다. 6월이면 연들이 몸을 담그고 부처님 손바닥만한 잎들만 고개를 내밀어 도를 닦는 습지, 7월이 되면 해탈을 알리는 서곡처럼 연들이 꽃을 피우기 시작한다. 연꽃들이 물속에서 축제를 연다. 또 그 축제를 보러 사람들이 모여 들어 축제를 벌인다.

작품 사진하나 찍고 싶다면 연꽃을 찍으라. 찍으면 그냥 작품이 될 것이다. 마치 작은 벌 집 같은 연밥에 애벌레처럼 고개를 내밀고 있는 씨앗들, 이것도 찍으면 작품이다.

이곳에 오면 연꽃의 신비에 푹 빠질 것이다. 연체험관에 연에 대한 공부를 할 수 있고 차를 비롯한 상품들을 구매할 수도 있다.

가을
Autumn

단풍나무길, 연뿌리 캐기

연밭을 따라 둑길이 나있다. 예전에 이곳이 수양버드나무로 가득했
단다. 지금은 그 나무들이 밑받침이 돼 둑길이 되고 늪지의 생태계
가 전에 없이 좋아졌다고 한다. 연을 기준으로 하자면 늪지는 연들
의 집이고 둑길은 담이다. 그 담에 단풍나무들이 자라고 있다. 이 단
풍나무들은 연꽃이 지고 가을이 되면 나뭇잎들이 햇볕에 곱게 태워
울긋 불긋 아름답게 변한다.

이 담을 걷다가 단풍잎 몇 개 주워 책갈피에 꽂아 놓아 보라. 어느
날 책을 펼치다 잘 말려진 강원도 화천의 연꽃건넌들마을 산 나뭇잎
을 만나게 되면 반가운 사람을 만난 듯 미소를 지게 될 것이다.

가을은 연뿌리를 캐는 계절이니 연뿌리 캐는 것도 직접 볼 수 있다.

Tip
연꽃

꽃은 7~8월에 피고 홍색 또는 백색이며 꽃줄기 끝에 1개씩 달리고 지름 15~20cm이며 꽃
줄기에 가시가 있다. 잎은 수렴제 · 지혈제로 사용하거나 민간에서 오줌싸개 치료에 이용한
다. 땅속줄기는 연근이라고 하며, 비타민과 미네랄의 함량이 비교적 높아 생채나 그 밖의 요
리에 많이 이용한다. 뿌리줄기와 열매는 약용으로 하고 부인병에 쓴다.

요즘은 관상용으로도 많이 심어지고 있다.

겨울   빙어낚시

빙어는 바다빙어과의 고기지만 북한강에서 잡는 빙어는 민물에 사는 빙어다. 민물에 살 수 있게 진화한 것이다. 왜 겨울에 빙어 낚시를 하는가 하면 빙어는 냉수어종이라 겨울이 되어야지만 물 위로 나오기 때문이다. 그전에는 바닥에서 생활하기 때문에 구경하기 어려운 고기이다. 그 생김은 멸치같이 작은데 추운 것을 좋아한다니 단단한 놈인 것이 틀림없다. 빙어는 작지만 잡아 올리면 반짝반짝 빛나는 것이 아주 예쁘다. 빙어는 수박냄새가 난다고 한다. 이곳 북한강 빙어는 연꽃냄새가 날지 모른다.

추운 겨울에 얼음을 깨고 낚시를 하는 것은 원시적인 체험이나 에스키모체험쯤 되지 않을까 싶다. 식량을 얻기 위해 낚시를 한다고 상상해보라. 또 북한강 위를 걸어다닐 수 있는 계절은 겨울뿐이다.

■ **숙박시설 및 길안내**
예약 및 문의
서윤석 010-7686-3851

길끝에서 만나는 어메니티

∷ 갓바위

화천군 사내면 광덕리에 있는 갓바위는 잘
알려져 있지는 않다. 백운계곡 주변이 관광
지로 유명해 눈에 안 띄는지도 모른다. 그러
나 숲속에서 불쑥 고개를 내민 모자 쓴 바위
는 누구든지 보기만 하면 걸음을 멈출 수밖

에 없다. 4m가 넘는 큰 바위가 깎은 듯 너무나 아름다워 그냥 지나칠 수가 없다. 마치 숲속에 약초 캐러 왔다가 잠시
고개를 들고 하늘을 보는 사람처럼 갓바위가 오롯이 서 있다.

∷ 붕어섬

북한강 상류인 화천강에 있는 이 섬은 댐이 만든 섬이다. 언덕배기였던 이곳이 춘천댐이 만들어지면서 수몰될 때 섬
으로 살아남은 육지인 셈이다. 이 언덕아래 그러니까 지금은 물밑인 곳에 늪이 있어 늪버덩이라고 불렸었다. 새나
메뚜기 같은 날짐승과 곤충들이 놀던 곳이 붕어들이 노는 섬으로 변했다. 붕어섬이라는 이름에 정겨움이 묻어난다.

∷ 화천 민속 박물관

화천 민속 박물관은 잊혀져 가는 민속 문화를 되살리려는 취지로 건립된 곳이다.
전시관은 선사유적 전시실과 민족 생활 전시실로 구분 되어있고, 화천 용암리에서 발굴된 청동기 시대의 토기, 도
구, 장신구와 집자리 등 선사 유적과 유물이 전시되어 있으며, 민족 생활 전시물이 대량 전시 돼 있어 산촌과 하천마
을의 생활상을 엿볼 수 있다.

한강 유역

그 마을에 길이 있었네

산수유꽃마을 | 산수유길

꽃이 보고 싶다면, 사람이 그립다면 그대들이여, 양평 산수유꽃마을로 오라. 맑은 물과 강 그리고 꽃의 축제와 농촌 전통문화체험이 어우러진 여기로 오리, 이곳에 오면 곱게 늙은 마을과 곱게 늙은 나무와 노란 꽃빛의 미소를 가진 사람들을 볼 수 있으리니, 서울에서 한 시간 남짓, 사람을 만나러 가기엔 충분한 거리가 아닌가. 그 마을에 가면 길이 보인다.

산수유길
산수유 꽃마을

*경기 양평군 개군면 주읍리

그 마을에 길이 있었네

"아따, 어머님! 얼굴에 노랗게 꽃이 피었소."
"꽃은 무슨! 젊은 양반이 다 늙어빠진 할망구 놀리남?"
"아니, 참말입니다. 아직 곱기만 하신대요, 뭘…"
"하긴 내가 젊어서는 곱다는 소리 꽤나 들었지. 하하하!"

산수유나무 우거진 마을회관 정자에 모여 담소를 나누고 계신 어르신들 앞에서 잠시 너스레를 떨어본다. 점심때가 다 되어가는 주읍리 마을회관 앞에 난데없이 웃음소리가 퍼진다. 배시시 얼굴을 붉히는 어머님의 미소에 산수유 노란 꽃빛이 돈다. 우리네 농촌은 이렇듯 조금만 마음을 나누면 금방 어머니가 되고 아들이 된다. 외지인에 대한 경계의 눈빛 따윈 찾아볼 수 없다. 낯선 이방인이 들이대는 카메라 앞에서도 수줍은 소녀만 있을 뿐이다. 이 얼마나 그리웠던 사람 냄새냐. 양평 산수유꽃마을엔 분명 사람이 살고 있었다.
칠읍산 넉넉한 품에 안겨 참으로 곱게 늙은 마을. 마다하는데도

한사코 차를 대접하시겠다는 어르신 한 분을 따라 마을길을 오른다. 이 마을엔 후박한 사람들과 곱게 늙은 산수유나무가 산다. 주변을 둘러보니 집집마다 몇 백 년 묵은 산수유나무가 울타리를 대신하고 있다. 1만2천여 그루가 넘는다는 저 나무들이 일제히 꽃망울을 터트릴 장관을 생각하니 저절로 가슴이 뛴다. 게다가 마을 입구에서부터 개울물을 따라 조성된 개나리꽃들이 노란빛을 더한다면 그 누구도 황홀경에 빠지지 않을 수 없으리라.

"산수유나무는 나이테가 없어요. 해서 정확한

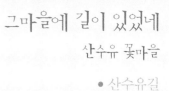

수령을 알 수가 없지요. 헌데 이 나무에게서 결실을 얻으려면 최하 20년은 기다려야 해요. 그 전엔 열매를 맺지 않아요. 기다림과 인내가 필요한 거죠."

산수유나무에 대해 설명을 해주시는 어르신의 목소리에 자부심이 묻어 나온다. 기다림의 시간은 언제나 더디게 간다. 느림의 풍경을 간직한 이 마을은 그래서인지 외지인에게 좀처럼 땅을 팔지 않는다. 무분별한 개발을 막기 위해서다. 욕심을 채우는 대신 전통을 지키기 위한 주민 모두의 의지가 있었기에 어쩌면 오늘날 전국에서 손꼽히는 산수유축제를 펼칠 수 있었으리라. 느리다고 해서 결코 뒤처지는 것은 아니다. 느리게 성장하는 산수유나무 열매가 최고의 약재로 평가받듯이, 느려서 좋은 것이 우리 주변엔 얼마든지 있다.

산수유 그늘 아래 앉아 산수유차로 목을 적신다. 입안에서 자수정 같은 산수유 열매가 굴러다니는 듯하다. 머릿속에 고인 산수유향으로 눈빛을 밝힌다. 산수유 그늘을

그 마을에 길이 있었네
산수유 꽃마을

● 산수유길

밟고 걷는 발걸음이 가볍다. 마을 꼭대기까지 약 1.2km의 산책로로는 사색하기에 더없이 좋은 길이다. 길옆으로 흐르는 개울물은 너무 맑아서 쉽사리 발을 담그기에도 미안할 지경이다. 물 맑은 양평이라더니 역시 명불허전. 온가족이 피서를 즐기기에도 좋겠다.

"산수유란 말 좋지? 그럼 입안에서 세 번만 굴려봐. 금방 머리가 맑아질겨."

어르신의 말씀대로 따라 해본다. 산수유, 산수유, 산수유… 어라? 정말 머리가 맑아지는 기분이다. 그런데 다시 새겨보니 어르신의 말씀이 곧 시 같다. 살아 꿈틀거리는 시 같다. 산수유 그늘 아래서는 누구나 시인이 된다. 나무는 시인을 만들고 시인은 나무를 닮아간다.

나무의 길은 곧 사람의 길이다. 그 길 위에서 우리는 울고 웃는다. 이곳 산수유마을 사람들에겐 산수유나무가 곧 그들의 역사이고 수호신이다. 산수유나무와 함께 터전을 잡고 살아온 이곳 사람들의 얼굴에 노랗게 미소가 흐르는 이유를 이제야 알겠다. 그들이 곧 산수유나무이기 때문이다.

꽃이 보고 싶다면, 사람이 그립다면 그대들이여, 양평 산수유꽃마을로 오라. 맑은 물과 강 그리고 꽃의 축제와 농촌전통문화체험이 어우러진 여기로 오라. 이곳에 오면 곱게 늙은 마을과 곱게 늙은 나무와 노란 꽃빛의 미소를 가진 사람들을 볼 수 있으리니. 서울에서 한 시간 남짓, 사람을 만나러 가기엔 충분한 거리가 아닌가. 그 마을에 가면 길이 보인다.

산수유길 느리게 걷기 逍遙

● 연계 가능한 도보여행길 소개

≫ 희망볼랫길

- 희망볼랫길은 경기도 양평군이 주최·주관하여 중앙선 국수~용문간 전철 개통을 기념하기 위한 양평 볼랫길을 희망근로 사업으로 조성하였다. 볼랫길이란 '본래 있던 길'이라는 뜻이며, 또한 조어로서 본래 우리가 갖고 있던 아름다운 길을 더욱 예쁘게 가꿔서 「보고 또 봐도 다시 가보고 싶은 길」이라는 의미의 말이기도 한다. 희망근로사업으로 조성되어 '희망볼랫길'이라 정하게 되었다.

- 희망볼랫길은 수도권 지하철 중앙선의 종착지인 용문역에서부터 시작된다.

- 제1코스(18km)는 용문역에서 시작하여 어수물(다문8리)-흑천-섬실(삼성1리)-섬실고개쉼터-삼성리-칠읍산산쉼터(화전2리)-등골(성황당-화전2리)-산수유마을-산수유축제장(내리)-추읍산산림욕장-원덕역에서 끝이나는 코스이다.

- 제2코스(36.47km)는 용문역에서 시작하여 용문체육공원-광탄리-수미마을(봉상리)-오아시스-망상고개(젬바골)-망능리-중원리-용문사-신점리-오촌리-덕촌리-마룡리를 거쳐 다시 용문역으로 돌아오는 순환코스이다.

- 제1코스에서 산수유마을을 거치게 되는데 실제로 마을길로 진입하지 않고 화전고개를 넘어 칠보산장을 지나 산수유펜션에서 우측으로 나 있는 길을 통해 내리의 산수유축제장으로 향하는 길이 희망볼랫길 코스이다

● 그린로드 코스 소개

≫ 산수유길

- 그린로드인 산수유길은 산수유꽃마을만이 지닌 500년 이상의 산수유나무에서 열린 꽃과 열매로 뒤덮힌 마을경관을 만끽할 수 있는 길이다. 코스는 희망볼랫길을 걷다가 화전고개에서 왼쪽의 산길로 진입하며 500m마다 세워진 이정표를 따라 트레킹코스를 경험할 수 있으며, 트레킹코스는 개나리꽃길로 연결이 되는데 산수유홍보관-마을회관까지 이르는 길로 마을 하천변에 고개를 숙인 개나리꽃을 만날 수 있다. 개나리꽃길은 산수유꽃길 코스로 이어지고 마을회관-산수유펜션까지 이르는 길로 수령 500년 이상의 산수유나무를 볼 수 있다. 산수유길 총 거리는 약 4.5km이며 소요시간은 약 1시간 50분 가량이다.

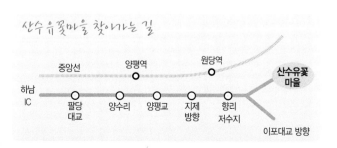

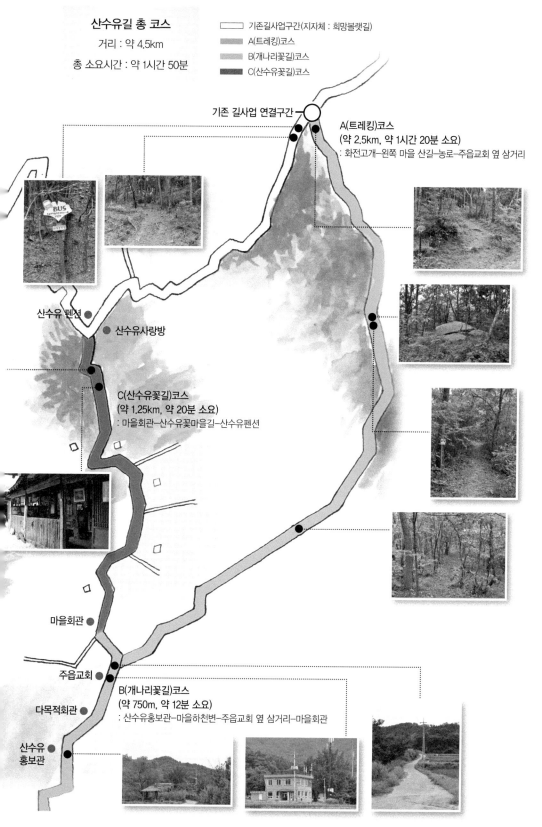

산수유길 총 코스

거리 : 약 4.5km

총 소요시간 : 약 1시간 50분

기존길사업구간(지자체 : 희망볼랫길)
A(트레킹)코스
B(개나리꽃길)코스
C(산수유꽃길)코스

기존 길사업 연결구간

A(트레킹)코스
(약 2.5km, 약 1시간 20분 소요)
: 화전고개–왼쪽 마을 산길–농로–주읍교회 옆 삼거리

산수유 펜션

산수유사랑방

C(산수유꽃길)코스
(약 1.25km, 약 20분 소요)
: 마을회관–산수유꽃마을길–산수유펜션

마을회관

주읍교회

다목적회관

산수유
홍보관

B(개나리꽃길)코스
(약 750m, 약 12분 소요)
: 산수유홍보관–마을하천변–주읍교회 옆 삼거리–마을회관

산수유꽃마을에 가면…

● 산수유길

봄　**산수유꽃 축제**

Spring

산수유 꽃은 봄에 가장 먼저 피는 꽃이라 할 수 있다. 봄에 피는 꽃
들이 대개 그렇듯이 산수유 꽃도 잎보다는 꽃이 먼저 핀다. 노란 꽃
이 피는데 수 십 송이가 모여 한 송이가 되는 꽃차례다. 쉽게 말하
자면 꽃다발 꽃이다. 그런 꽃이 피는 나무 전체가 또 노란 꽃다발
같다. 그렇지만 화려하거나 거창하지 않다. 한 점 한 점 노랗게 자
수를 놓은 듯 딱 봄 같다. 도시 사람들은 쉽게 보기 힘든 나무라 봄
에 산수유 꽃을 보려면 양평산수유꽃마을쯤 와서 봐야 할 것이다.
산수유꽃 축제에 오면 노랑 봄을 가득 담아 갈 수 있다. 이 곳에 올
때는 가슴에 큰 부대 자루 서너 개는 가지고 오라. 산수유 꽃 노랑
봄을 무한정 담아갈 수 있다. 산수유 꽃 축제 기간에 오시면 마을
사람들이 만든 맛난 음식도 먹을 수 있다.

여름 **물놀이와 고기잡이**

마을을 따라 깨끗한 시냇물이 마을의 동맥처럼 흐르고 있다. 서울에
흐르는 한강처럼 마을중앙에 흐르고 있는 시냇물은 쉽게 볼 수 없
는 풍광이다. 이것하나만으로도 산슈유꽃마을은 복 받은 마을이다.
이 물 때문인지 시냇물을 따라 벼농사가 풍성하다.

　여름에는 이 시냇물을 임시로 막아 물놀이를 할 수 있게 한다. 소
독약 냄새나는 수영장이 아니라 멱 감는 물놀이 체험을 안전하고 깨
끗하게 할 수 있다. 거기에다 이벤트로 붕어를 비롯한 물고기를 풀
어 고기잡이를 할 수 있게 해준다. 여름놀이 중에는 최고라고 할 수
있겠다.

그 밖에 두부 만들기, 떡메치기, 딸기. 유기농 야채 수확, 감자캐기,
옥수수따기 등 농촌에서 할 수 있는 다양한 체험과 놀이를 할 수 있다.
또 산수유로 만든 엿과 음료를 먹을 수 있어 건강도 챙길 수 있다.

가을
Autumn

산수유 열매 따기

산수유는 층층나무과의 낙엽교목이다. 타원형의 작은 열매로 아주 귀엽다. 대추처럼 안에 씨가 들어 있다. 처음에는 녹색이었다가 8~10월에 붉게 익는다. 열매가 붉게 익으면 마치 붉은 꽃이 핀듯해 보인다. 꽃처럼 열매도 차분한 색이다. 봄에 피었던 노란 꽃이 열매가 된 것이니 색깔만 바뀌었을 뿐 형상은 바로 그 형상이다. 봄에는 잎보다 먼저 꽃이 피어 꽃을 돋보이게 하고, 초겨울이 되면 나뭇잎 다 떨구고 열매만 붉게 달렸으니 산수유나무는 계절을 알고 멋을 아는 나무다.

사실 열매를 일반이 따기는 쉽지 않다. 보기에는 쉽게 딸 것 같아도 쉽지 않고 나무에 오르면 약간의 가려움 증상이 생기기 때문에 더 쉽지 않다. 또 과일로 식용을 하는 것이 아니라 많이 따는 것이 별 소용이 없기도 하다. 일반인들이 마을 방문하게 되면 한 두 개 정도 열매를 따고 마을 사람들이 기계로 채취 해 놓은 산수유 열매로 술 담그기 같은 체험을 할 수 있다.

Tip
관리형 주말농장

주말농장은 농사체험만이 아니라 가족 모임, 자연체험, 식물탐구 등 여러 가지 장점이 있다. 그런데 한 가지 단점이 매일 와서 돌볼 수 없다는 것이다. 봄에 씨를 뿌리고 작물이 자라기 시작하면서 잡초가 자라게 되는데 제때 제거해주지 않으면 완전 잡초 밭이 되고 만다.

이렇게 잡초 밭이 돼버리면 주말농장에 와서 잡초 제거하다가 시간 다 보내고 힘들고 재미가 없어진다.

이런 단점을 없애기 위해 이곳은 관리형 주말농장을 하고 있다. 즉 잡초를 제거해주고 또 작물이 잘 자랄 수 있게 지도해주고 직접 도와주는 시스템이다.

겨울 농촌전통체험

요즘은 도시는 물론이고 농촌에서도 점차 사라지고 있는 우리 생활 문화들이 있다. 산수유꽃마을에서는 가마솥 밥지어 먹기, 볏짚체험, 등잔불, 화로불 체험 등을 체험할 수 있다. 특히 이곳에서는 단체체험이 가능하다.

아무리 전기밥솥이 밥을 잘 짓는다 해도 가마솥 밥을 따를 수가 없다. 자신이 불을 때서 밥을 짓는다면 그만큼 먹을 것에 대한 소중함도 알게 될 것이다. 그리고 가마솥 밥의 핵심, 밥의 위대한 유산 누룽지! 누룽지의 변신 숭늉! 가마 솥 밥 짓기는 많은 얘깃거리와 맛을 체험할 수 있다.

볏짚 체험은 새끼 꼬기와 이엉 엮기를 할 수 있다. 볏짚은 지금도 많은 곳에 쓰이지만 옛날에는 끈 역할을 했던 새끼 재료로, 지붕을 덮는 재료로 그 중요성이 대단했다. 된장 만드는 메주는 볏짚으로 묶어 매달아 놓지 않으면 숙성이 안 된다.

화로불은 난로를 겸한 조리용 기구쯤 되는 것이다. 숯을 사용하기 때문에 밤이나 고구마를 구워 먹을 수 있다.

전통체험은 다목적회관에서 이루어지며 연중 이용 가능하다.

■ 숙박시설 및 길안내

산수유꽃마을의 숙박은 종합체험관에서 할 수 있다. 종합체험관에서 숙박은 물론 다양한 체험을 할 수 있는 시스템을 갖추고 있어 아주 편리하다. 이동없이 체험 할 수 있는 프로그램이 있어 시간절약을 할 수 있고 신축 건물로 깨끗한 환경이 조성돼 있어 여러 가지로 편리하다.

예약 및 문의
곽명신 010-3667-8516, 031-771-5010

홈페이지 **www.sansuyu.org**

길끝에서 만나는 어메니티

:: 상자포리 마애여래입상

양평군과 여주군의 경계인 파사산에는 신라시대 때 만든 파사성이 있다.
이 파사성 서북쪽 옆 산의 정상 아래에는 거대한 암벽을 수직으로 깎아
5.5m 높이의 불상을 새겼다. 2개의 원으로 표현된 머리광배를 갖추고 있
는 불상은, 엎어진 연꽃무늬가 새겨진 대좌 위에 서 있다.
일반적인 부처의 복장과는 반대로 오른쪽 어깨를 감싸고 왼쪽어깨를 드
러내고 있는 독특한 모습을 하고 있다.

:: 이순몽장군묘

묘는 쌍분으로 공세리 칠읍산(七邑山) 능선 아래에 서남향으로 자리잡고 있다.
이순몽은 1417년(태종 17) 31세로 무과에 급제한 뒤 1419년 우군절제사로 대마도정벌에 참여하여 승리를 거두었고
1424년(세종 6)에는 좌군총제를 지냈다. 1433년에는 중군절제사로 파저강 야인 이만주를 토벌하여 판중추부사로 임
명되었다. 그뒤로도 세종의 신임을 받아 1447년 영중추원사 자리에 올랐다. 시호는 위양이다.

:: 파사성지

사적 제251호로 지정되어 파사산 정상을 중심으로 능선을 따라 축성한 파사 산성은 성벽 등이 비교적 많이 남아 있
으며, 둘레는 약 935.5m 정도이며 성벽 중 최고 높은 곳은 6.25m나 되나 낮은 곳은 1.4m되는 곳도 있다.
천서리를 면한 동문지, 금사면 이포리를 면한 남문지에는 문맹을 세웠던 고주형 초석 22기와 평주 초석이 남았고 동
문지에는 옹성문지가 남아 있다.

한강 유역

아이야 강변에 살자

오감 도토리마을 | 오감길

여주 오감도토리마을은 그런 까다로운 조건들을 두루 갖춘 몇 안 되는 농촌체험마을이다. 고려 말 다섯 명의 대감들이 터를 잡고 살았다고 해서 오감. 거기다 인근 야산에 유독 도토리나무가 많다고 하여 이름 붙여진 게 오감도토리마을이란다. 이름의 유래가 참 재밌기도 하다. 이 마을은 도토리를 이용한 다양한 음식을 개발하여 경기도 슬로푸드(전통음식) 시범마을로 지정되어 있다.

오감길

오감 도토리마을

＊경기 여주군 강천면 가야리

아이야, 강변에 살자

주말을 이용해 아이들과 함께 나들이를 떠나려는데 어디가 좋을
까. 지도를 펼쳐놓고 아무리 들여다보아도 마땅한 곳을 찾기가 쉽
지 않다. 짧은 일정이기에 가능한 멀지 않아야 하고, 인파로 북적
거리지 않는 호젓한 곳이면 좋겠다. 또한 볼거리와 먹을거리가 풍
성하고 이왕이면 추억이 될 만한 색다른 체험을 즐길 수 있는 그
런 곳이 어디 없을까?

여주 오감도토리마을은 그런 까다로운 조건들을 두루 갖춘 몇 안
되는 농촌체험마을이다. 고려 말 다섯 명의 대감들이 터를 잡고
살았다고 해서 오감. 거기다 인근 야산에 유독 도토리나무가 많
다고 하여 이름 붙여진 게 오감도토리마을이란다. 이름의 유래가
참 재밌기도 하다. 이 마을은 도토리를 이용한 다양한 음식을 개
발하여 경기도 슬로푸드(전통음식) 시범마을로 지정되어 있다. 미
리 예약을 하면 방문객들이 손수 도토리묵, 도토리빵, 도토리송
편 등을 만들어볼 수 있는 체험을 제공하고 있다.

남한강 푸른 물줄기를 옆에 끼고 있는 마을로 들
어서자 아기자기하게 펼쳐진 논들이 먼저 눈에
들어온다. 오랜 시간 동안 쌓이고 쌓인 퇴적물을
기름진 옥토로 바꾸어 오늘날 최고의 품질을 자
랑하는 여주 대왕님표 쌀을 생산하게 되었으리
라. 여주 쌀의 명성은 강이 가져다준 선물을 소중
하게 일구어온 이곳 농민들의 땀의 결실이다. 더
구나 이 마을은 오리농법, 우렁이농법 등 다양한
친환경농법으로 쌀을 생산하고 있다. 소비자의
건강한 식생활을 위해 이곳 주민들이 자발적으로
친환경에 참여하고 있단다.

아이야, 강변에 살자
오감 도토리마을

● 오감길

마을 입구 도로변을 따라 심어진 들국화가 정겹다. 한 송이 꽃으로도 낯선 이방인은 금세 마음의 문을 연다. 코스모스가 피는 계절이 다가오고 있다. 떡갈나무와 갈참나무가 우거진 마을 뒷산을 오른다. 잘 정돈된 체험관 옆으로 수령이 꽤나 오래되어 보이는 참나무가 당산나무처럼 마을을 굽어보고 있다. '도토리나무는 들을 내려다보고 다닌다'는 동네 어르신의 말씀을 머릿속에 새긴다. 풍년이 드는 해는 도토리가 열리지 않고 흉년이 드는 해는 도토리가 많이 열린다고 한다. 그래서 흉년이 들어 기근에 허덕일 때 도토리로 배고픔을 이겨내곤 했단다. 배고픈 시절의 이야기지만 참으로 기특하고 갸륵한 나무가 아닌가. 참나무들이 새삼 귀하고 고맙게 보인다.

뒷산에 난 작은 옛길을 따라 오르다보니 고흐의 그림에서나 볼법한 아름다운 풍경들이 펼쳐진다. 한차례 세차게 긋고 지나간 소나기 탓인가. 마을 풍경이 그렇게 투명할 수가 없다. 비록 강천보 공사로 인해 예전의 모래알 반짝이던 강변은 사라졌지만, 강

아이야, 강변에 살자
오감 도토리마을

● 오감길

변 살던 아이는 앞으로 공원 고수부지에서 꿈을 키울 것이다. 마을을 통과하는 공사 차량들의 진출입으로 아직은 조금 소란스러운 것이 아쉬울 뿐이다. 그나마 다행인 것은 유독 장마가 길고 집중호우가 많았던 올해, 이 마을은 비 피해를 거의 보지 않았다고 한다. 참으로 다행한 일이 아닐 수 없다. 이제 많은 사람들이 걱정하는 생태계만 다시 복원시키면 모든 불신과 오해도 사라지리라 믿는다.

'장님도 도토리를 줍는다' 는 오감도토리마을을 방문할 땐 언제든 오감을 열고와도 좋다. 하면 맹꽁이와 대화도 할 수 있고, 꽃들의 속삭임도 들을 수 있다. 또한 도토리나무가 베푸는 큰 사랑도 배울 수 있고, 농부들의 땀방울이 주렁주렁 매달린 포도나무의 눈부신 전언을 받아 적을 수도 있다. 아이들과 함께 온 몸, 온 마음으로 강과 대지를 느낄 수 있다면 그것으로 충분하지 않은가.

오감도토리마을에서 농촌체험을 끝내고 조금만 더 시간을 낼 수 있다면 인근 유적지를 찾아 역사기행을 해보는 것도 좋겠다. 여주는 천년 고찰 신륵사를 비롯하여 고달사지, 세종대왕릉, 파사성지, 명성황후 생가, 목아박물관 등 역사의 숨결을 느낄 수 있는 볼거리가 많다. 먹을거리로는 시내 곳곳에서 여주 쌀밥이라는 간판이 붙은 집이면 어디든 만족을 줄 것이고 천서리에 들러 막국수를 맛보는 것도 별미가 될 것이다.

오감길 느리게 걷기 逍遙

● 연계 가능한 도보여행길 소개

≫ 여강길(남한강 따라가는 역사문화체험길)
- 여강길은 유순하게 흘러가는 여강의 물길이 우람한 산과 조화를 이루어 그림 같고 시 같은 풍경을 빚어내는 강변을 따라 걷는 길로써 55km에 이른다. 현재 3개 코스가 조성돼 있으며, 2009년에 문화체육관광부의 '이야기가있는 문화생태탐방로'에 선정됐다. 여강길은 1구간–옛나루터길(15.4km/5~6시간), 2구간–세물머리길(17.4km/6~7시간), 3구간–바위늪구비길(22.2km/7시간~8시간)으로 구성되어 있는데 그 중 3구간이 오감도토리마을을 지나간다.

≫ 한강길
- 한강길은 신경림(시인, 동국대학교 석좌교수) 이사장 외 11명의 이사들과 2009년 4월 문화관광체육부로부터 사단법인 한강길 법인 허가를 받아 조성되었다. 한강길은 한강을 따라 미사리를 지나 양수리, 청평 조종천, 가평 홍천강, 화천군 소양강, 인제 두무리, 진부령 그리고 금강산 고성까지 9백리 둔치길로 여주대교~섬강에 이르는 길로 걷기 및 자전거코스이다. 없던 길이 아니라 없어진 길, 잃어버린 길, 잊혀진 길을 한강 따라 둔치 길을 새로 만들어 이은 '참여와 소통의 길'이며 사는 재미와 즐거움을 안겨주는 '살맛나는 길'. 그렇게 '사람과 사람이 만나는 길'이다.
- 한강길도 여강길과 마찬가지로 그린로드의 접근 길이 동일하다.

● 그린로드 코스 소개

≫ 오감길
- 그린로드인 오감길은 마을을 둘러 거닐며 속속들이 마을을 체험할 수 있는 길이다. 코스는 4대강 사업으로 조성중인 가야리 마을회관 인근의 자전거도로 및 산책로를 기점으로 마을회관을 거쳐 목아불교박물관 방면으로 길을 걷다가 범바위가 위치한 작은 마을 옆 숲길로 들어선다. 갈갱이고개를 지나 귀안고개를 넘기 전 우측의 길을 따라 슬로푸드체험관으로 향한다. 슬로푸드체험관에서 계절별 다양한 오감마을의 체험을 경험할 수 있다. 슬로푸드체험관 가는 삼거리를 지나 천주교공소 가기 전 삼거리에서 좌측 방향으로 갈대군락의 운치를 맛볼 수 있는 길로 들어선다. 소하천을 따라 지개비들을 지나 가야교 우측방면의 마을회관의 정보센터로 돌아오는 것이 A구간이다.
- 오감길 B구간은 갈갱이고개까지는 진행이 같으며 귀안고개를 지나 여우고개에서 내려와 우측 양계장 방향으로 진행한다. 슬로푸드체험관 가는 삼거리에서 부터는 A구간과 같다.

오감 도토리마을 찾아가는 길

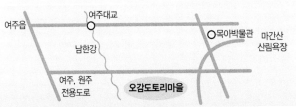

기존 길사업 연결구간

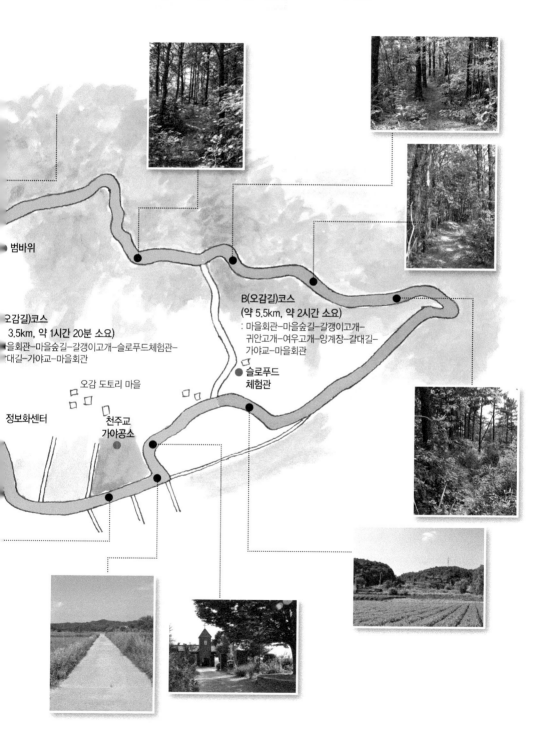

오감길 총 코스

거리 : 약 9km

총 소요시간 : 약 3시간 20분

기존길사업구간(문광부 : 여강길, (사)한강길 : 한강길)
A(오감길)코스
B(오감길)코스

범바위

B(오감길)코스
(약 5.5km, 약 2시간 소요)
: 마을회관−마을숲길−갈갱이고개−
귀안고개−여우고개−양계장−갈대길−
가야교−마을회관

오감길)코스
3.5km, 약 1시간 20분 소요)
을회관−마을숲길−갈갱이고개−슬로푸드체험관−
대길−가야교−마을회관

오감 도토리 마을

슬로푸드
체험관

정보화센터

천주교
가야공소

오감 도토리마을에 가면...

● 오감길

봄

Spring

미나리캐기, 감자심기, 볍씨붓기

봄에는 농사체험 중 씨앗을 심는 체험을 할 수 있다. 땅속에 심는 씨앗이 살아 있는 생명체라는 것을 안다면 농사는 생명을 다루는 일이라는 것을 알게 된다.

추운 겨울동안 잘 자란 미나리를 수확 할 때면 그 향기가 너무 좋아 아주 반하게 될 것이다. 미나리는 환경에도 좋은 식물이지만 사람에게도 아주 좋은 음식이다. 그런데 이 미나리를 지키는 수호천사 거머리가 있으니 조심해야 한다.

감자는 열매가 아니라 뿌리라는 건 알리라. 거기에 달린 눈에서 싹이 나고 뿌리가 나고, 다시 감자가 달린다는 것은 거의 신비에 가깝다. 요즘은 씨감자가 생산 돼 심기는 하지만 묵은 감자를 쪼개 심는 게 제 맛이다. 감자는 쪄 먹거나 조림을 해서 먹는데 서양식으로 오븐에 구워 먹으면 찰진 맛이 더 하다.

볍씨붓기는 벼 모종을 키우기 위한 작업이다. 모판에 상토를 붓고 볍씨를 뿌려 어느 정도 자라면 그 것으로 모내기를 하는 벼농사 과정이다.

여름　감자캐기, 옥수수따기, 손수건탁본

봄이 농사 체험의 시작이라면 여름은 식물이 자라는 모습과 수확을
체험할 수 있다.

모든 식물이 수확을 할 때는 감동적이지만 특히 채소류의 열매를 수
확할 때는 정말 기쁨이 크다. 그 중에서도 감자캐기는 그 크기가 더
하다. 감자줄기를 뽑아내고 살살 흙을 파헤치면 노란 감자들을 오롯
이 모여 있는데 그야말로 보물을 캔 것 같은 느낌이 들 것이다.

옥수수는 옥수수대 꼭대기에 있는 수술이 숫 꽃이다. 거기서 꽃가루
를 밑으로 떨어뜨리면 암꽃이 수정이 돼 옥수수가 되는 것이다. 옥
수수는 수염이 짙은 브라운색이 돼 마르는 징조가 보일 때 따는데
옥수수 껍질을 벗겼을 때 반짝반짝 윤이 나는 알갱이들이 촘촘이 박
혀 있는 그 모습은 정말 아름답다. 잘 쪄서 먹으면 그 맛 또한 입안
에 촘촘히 박힌다.

손수건 탁본은 꽃이나 나뭇잎을 손수건에 탁본하는 것인데 숟가락
으로 두들겨서 옮기는 것이라 숟가락난타를 경험할 수 있다.

가을
Autumn

고구마캐기, 옥수수따기, 도토리줍기, 밤줍기, 김장체험

고구마 캐기도 감자처럼 무척 재미있는 것이다. 감자보다는 좀 캐기가 어렵다. 감자는 동글동글하고 키우면서 폭을 주워 키우기 때문에 흙이 부드러워 파내기가 수월하다. 그러나 고구마는 덩굴 식물이라 밭을 달리 돌봐주기 어렵기 때문에 흙이 단단하게 굳어지고 고구마가 길쭉해 캐기가 좀 어렵다. 특히 손으로 쏙 뽑아 질 것 같아도 쉽게 되지 않으니 꼭 완전히 흙을 제거하고 뽑아야지 온전한 고구마를 얻을 수 있다. 캐다가 부러지면 상당히 속상하다.

도토리 줍기는 가을 숲을 걸으며 줍는 것이니 너무 도토리 줍는 것에 빠지지 말고 익어가는 낙엽 냄새와 발에서 나는 나뭇잎소리도 들으며 체험하기 바란다. 참나무 숯을 최고로 치고 술을 저장하는 데 쓰이는 것은 향 때문인데 향기를 찾아 맡아보기를. 더불어 참나무와 도토리 공부를 해보는 것도 아주 좋다. 왜 참나무라고 할까? 김장체험은 우리가 먹는 김치가 어떻게 만들어지는지 알 수 있는 계기가 될 것이다.

Tip
도토리음식 체험

경기도에서 유일하게 녹색농촌체험마을과 슬로푸드마을로 선정된 농촌체험 관광마을로 다양한 그린투어 프로그램을 운영하고 있다. 마을 슬로푸드 체험관에서 도토리만두, 도토리칼국수. 도토리 전. 도토리 술, 도토리 증편 등의 도토리 음식을 체험하고 시식할 수 있다.

*도토리속에는 아콘산이 들어 있어 중금속해독에 탁월한 효능이 있다.
*도토리묵은 위장과 튼튼하게 해주고 성인병 예방과 피로회복 숙취해소에 효과가 있다.
*수분 함량이 많아 작은 양을 섭취해도 포만감을 주고 칼로리는 낮고, 타닌성분이 지방흡수를 억제해주기 때문에 다이어트 식품으로 아주 좋다.

겨울 썰매타기, 팽이치기, 짚신삼기

겨울은 겨울 놀이 체험을 할 수 있다. 겨울에 썰매타기는 정말 재미있는 놀이이다. 팽이치기도 마찬가지다. 지금은 이런 놀이를 체험활동을 통해서 하지만 옛날에는 연날리기와 함께 이 두 놀이 밖에 없었다. 얼음위에서 하는 놀이이므로 특히 안전에 주의해야 한다.

짚신은 요즘 특수한 경우에만 신게 되지만 옛날에는 일상적인 우리들의 신이었다. 요즘은 짚공예라고 짚을 다룰 줄 아는 사람이 몇 안되지만 옛날에는 짚으로 신을 만드는 것은 물론 생활 전반에 걸친 도구를 다 만들어 썼다. 짚신, 알 꾸러미, 지게멜빵, 가마니, 명석, 망태기 등 짚으로 만든 생활용품은 수도 없이 많다.

■ 숙박시설 및 길안내

*펜션

오감도토리펜션이 하나 있으며 3개의 방이 있다.
다람쥐 방, 도토리 방, 상수리나무 방 이렇게 이름이 있다.
다람쥐방과 도토리방은 8명이 숙식 가능하며 상수리나무방은 30명까지 숙식할 수 있다. 그리고 펜션의 방은 황토방으로 되어있어 편안한 잠자리가 될 것이다.

예약 및 문의
권태국 010-9582-3329, 031-883-6998

*민박

3가구에서 민박을 운영하고 있다.

홈페이지 **www.ogam.invil.com**

길끝에서 만나는 어메니티

:: 세종대왕능

왕릉은 조선왕조의 능제를 가장 잘 나타내고 있는 능의 하나로서 합장능 임을 알 수 있는 두 개의 혼유석이 있다. 능의 정중앙에 팔각의 장명등이 있으며 주위에 석호 · 석양 · 석마 · 문인석 · 무인석 · 망주석을 배치했고 능 뒤에는 나지막한 곡담을 둘렀다.

정문을 들어서면 좌측에 해시계 자격루, 관천대, 측우기, 혼천의 등 각종 과학기구를 복원해 놓았으며 세종전에는 대왕의 업적과 관련 되어 여러 가지 유물과 자료들이 전시되어 학술의 장으로 활용되고 있다.

:: 명성황후 생가

조선 고종 황제의 황후로 개화기에 뛰어난 외교력으로 자주성을 지키면서 개방과 개혁을 추진하다 1895년 10월 8일 새벽 을미사변으로 일본인에 의해 시해 당하여 파란 만장한 일생을 마쳤던 명성황후가 출생하여 8세까지 살던 집이다. 1995년에 행랑채와 사랑채, 별당채 등이 복원됨으로써 면모가 일신 되었으며, 명성황후가 어렸을 때 공부했다는 방이 있었던 자리에 "명성황후 탄강구리(明成皇后誕降舊里)" 〈명성황후가 태어나신 옛 마을〉이라고 새겨진 비가 세워져 있다.

:: 신륵사지구

신륵사를 일명 "벽절" 이라 부르게 한 다층 전탑이 묵묵히 여강을 굽어보고 있으며 나옹선사의 당호를 딴 정자 강월헌(江月軒)에서는 그 옛날 시인 묵객들이 시 한수를 읊고 있는 것 같다. 신륵사는 남한강변의 수려한 자연 경관과 어우러져 많은 사람들이 자주 찾는 곳에 위치함으로서 대중과 접하고 구도의 기회를 넓힐 수 있는 곳이다.

금강

유역

감동(甘洞)에 가자, 감동(感動)에 가자

감동마을 | 감동길

저 멀리 마이산의 신령한 두 봉우리가 굽어 내려다보는 용담
호 아래 숨겨진 비경처럼 감동마을이 있다. 물이 달아서 감동
(甘洞). 오감이 즐거워진다고 해서 감동(感動)마을이다. 입구
에 들어서는 순간 '이런 마을이 아직 남아 있었나' 할 정도
로 때 묻지 않은 순수한 강촌 풍경을 간직하고 있다. 여기서
부터가 바로 금강의 시작이라는 귀띔이다. 마을 앞 강물 위에
떠있는 대나무뗏목이 눈길을 끈다

감동길
감동마을
*전북 진안군 용담면 송풍리

감동(甘洞)에 가자, 감동(感動)에 가자

감동(甘洞)에 가면, 감동(感動)에 가면

아침마다 문 앞까지 다가와 반갑게 인사를 하는 고라니가 있고, 맑은 강가에 터를 잡고 사는 귀염둥이 수달이 있고, 물 위에 오색 꽃잎처럼 떠다니는 원앙새가 있고, 강물을 불러다 앉혀놓고 도란도란 이야기를 나누는 민박집이 있고, 그 이야기에 쫑긋 귀를 세우는 달맞이꽃이 있고, 투박한 사투리로 따뜻한 감동(感動) 한 말쯤 인심 좋게 퍼 담아주는 사람들이 있고,

감동(甘洞)에 가면, 감동(感動)에 가면

세상에서 가장 아름답게 쏟아지는 별빛들이 있고, 가랑가랑 가랑잎 같은 대나무뗏목이 있고, 이슬방울이 고여 샘솟는 우물 감동수가 있고, 유기농 텃밭에 익어가는 푸성귀들이 있고, 지장산 정기를 받아먹고 자라는 인삼이 있고, 머루 다래 으름 우거진 오솔길이 있고, 산에 살아 산이 되어버린 후덕한 어르신들이 있고, 투박한 사투리로 따뜻한 감동(感動) 한 말쯤 인심 좋게 퍼 담아주는 사람들이 있고,

저 멀리 마이산의 신령한 두 봉우리가 굽어 내려
다보는 용담호 아래 숨겨진 비경처럼 감동마을
이 있다. 물이 달아서 감동(甘洞), 오감이 즐거
워진다고 해서 감동(感動)마을이다. 입구에 들어
서는 순간 '이런 마을이 아직 남아 있었나' 할
정도로 때 묻지 않은 순수한 강촌 풍경을 간직하
고 있다. 여기서부터가 바로 금강의 시작이라는
귀띔이다. 마을 앞 강물 위에 떠있는 대나무뗏목
이 눈길을 끈다. 저 뗏목을 타면 금강을 거쳐 서
해바다까지 갈 수 있으리라. 용담댐 아래 첫 마
을. 수달이 살 수 있을 정도로 물이 맑고 숲이 우
거져 있다.

감동(甘洞)에 가자,
감동(感動)에 가자
감동마을

● 감동길

마을회관에서 아이들 소리가 들린다. 달랑 19가구만 남아 있다는 시골 작은 마을에서 아이들을 볼 수 있다는 건 대단한 기쁨이다. 다섯 명의 아이들이 감동새싹도서관에서 한자공부를 하고 있다. 몇 명 안 되는 아이들을 위해 도서관을 운영하는 마음씨라니… 작은 것을 배려할 줄 알고 실천하는 이 마을 사람들의 생활은 논과 밭에서도 찾아볼 수 있다. 이 마을 거의 전체가 유기농으로 농사를 짓고 있단다. 해서 진안군에서 추진하고 있는 '유기농밸리 100' 마을에 선정되어 사업을 진행하고 있다. 이들에게 유기농은 필연이자 생활의 일부다. 물을 만지고, 산을 만지며 사는 이곳 사람들에게 그것은 어쩌면 당연한 선택이었는지 모른다. 지나가는 생각이지만 이 마을은 자연생태학습관으로 알려도 좋을 것 같다.

흙을 만져보는데 너무 부드럽다. 흙 한 줌 씹어 먹어도 나쁘지 않겠다. 목이 말라 감동수라 부르는 마을 우물물로 갈증을 적신다. 그런데 정말 물이 달다. 몇 백 년이 된 우물이라는데 지금까지 단 한 번도 마른 적이 없단다. 물을 마셔본 뒤에야 감동(甘洞)

감동(甘洞)에 가자, 감동(感動)에 가자

감동마을

● 감동길

이라는 마을 이름의 유래를 알 듯하다. 농촌체험관 뒤로 지장산으로 난 산책길은 삼림욕장이라 불러도 좋을 만큼 숲이 울창하다. 지장산 정상을 거쳐 용담댐까지 산책을 할 수 있도록 등산로가 나 있다고 한다. 지장산 정상에서 보면 마이산과 용담호가 한눈에 들어올 만큼 풍광이 좋단다. 다래, 머루, 으름 등 산열매도 지천으로 널려 있어 아이들의 생태체험장으로도 많이 찾고 있다고. 예전에는 인근 학교들에서 이 마을로 자주 소풍을 왔었다고 자랑이 대단하다.

'청산은 나를 보고 말없이 살라 하고/창공은 나를 보고 티없이 살라 하네//사랑도 벗어놓고 미움도 벗어놓고/물같이 바람같이 살다가 가라하네'

인삼밭을 따라 산길을 내려오는데 문득 나옹화상의 시 한 구절이 떠오른다. 나옹화상이 노래했던 그 삶을 바로 여기 감동마을에서라면 이룰 수 있지 않을까. 물같이 바람같이 살아, 이미 물이 되고 산이 되어버린 이곳 감동마을 사람들을 보면서 자연과 함께 자연에 순응하며 사는 법을 배울 수 있어 좋았다.

진안 감동(甘洞)마을에 가면 투박한 사투리로 따뜻한 감동(感動)한 말쯤 인심 좋게 퍼 담아주는 사람들을 만날 수 있어 좋다. 그리고 살아있는 물과 흙이 던져주는 사랑법을 가슴 가득 담아올 수 있을 것이다. 그대들이여! 우리 오늘 감동(甘洞)에 가자, 감동(感動)에 가자.

감동길 느리게 걷기 逍遙

● 연계 가능한 도보여행길 소개

≫ 예향천리 금강변 마실길

- 무주군에서 조성한 예향천리 금강변 마실길은 무주의 옛길로 금강의 속살을 들여다볼 수 있는 시골길, 고요히 흐르는 물줄기를 따라 산촌의 풍광을 온전히 품는 길이다.
- 부남면 도소마을–대문바위–부남면소재지–벼룻길–각시바위–상굴암마을–굴암삼거리–잠두마을–요대마을–남대천–서면마을에 이르는 총 19km, 소요시간은 약 5시간이다. 이 중 금강변을 줄곧 따라가는 벼룻길, 잠두길, 학교길의 풍광이 유독 뛰어나다.

● 그린로드 코스 소개

≫ 걸으면 걸을수록 감동이 있는 감동길

- 그린로드 '걸으면 걸을수록 감동이 있는 감동길'은 예향천리 금강변 마실길의 시작점인 도소마을과 연계된 길이며 생태계가 온전히 보존된 산책로, 용담호와 금강변의 색다른 경관을 느낄 수 있는 길이다. 자가용 이용시 용담댐 관리단에서 출발을 추천한다. 용담댐 관리단에서 출발하여 13번 도로(신용담교 방면)의 우측 산길을 통해 A구간인 용담호 둘레 코스로 진입한다. 초보자가 가기엔 조금 험난한 코스이지만 빨간 등산리본을 따라 지순봉으로 향한다. 지순봉 부근에서 용담호의 뛰어난 경관과 진안감동마을 및 인근 마을의 전체적인 뷰를 감상할 수 있다. 지순봉에서 지장산을 향하다보면 왼쪽 능선을 통해 바로 진안감동마을로 내려갈 수 있는 C구간인 옛 시장가는 길 코스가 연결되어 있는데 A코스와 접한 일정거리는 정비예정으로 당장 이용하기 힘드니 이용시 문의를 해야한다. C구간은 마을의 체험관으로 이어진다. 계속해서 지장산 정상 바로 전에 왼쪽으로 빠지는 길을 따라 지소산으로 향한다. 계속해서 능선을 따라가다 보면 숲길을 뒤로하고 도소마을의 길을 걸어 마을회관에 다다른다.
- 도소마을회관부터는 B구간인 숲체험강변길 코스로 도소마을 앞 금강을 따라 왼쪽으로 가면 진안감동마을에 이르게 된다. 마을에서 휴식을 취하거나, 경관 및 체험을 경험한 후 계속하여 금강을 따라 거슬러 올라가면 4대강 사업으로 조성된 생태공원과 고사리 군락, 바위손 군락 등 생태계가 보존된 강변길을 걸을 수 있다. 강변길의 끝에는 섬바위(천년송)을 만날 수 있으며 천년송이 섬바위의 아름다움을 더한다. 섬바위를 지나 13번 도로를 따라 용담댐 관리단으로 도착한다.
- 예향천리 금강변 마실길을 걸을 경우 도소마을에서 트래킹을 원한다면 A구간에서 시작하여 지장산을 지나 우측능선을 통해 감동마을로 내려오거나 지순봉을 지나 용담댐 관리단으로 통해 B구간인 숲체험강변길로 섬바위를 지나 마을로 도착할 수 있다.

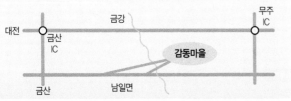

감동마을 찾아가는 길

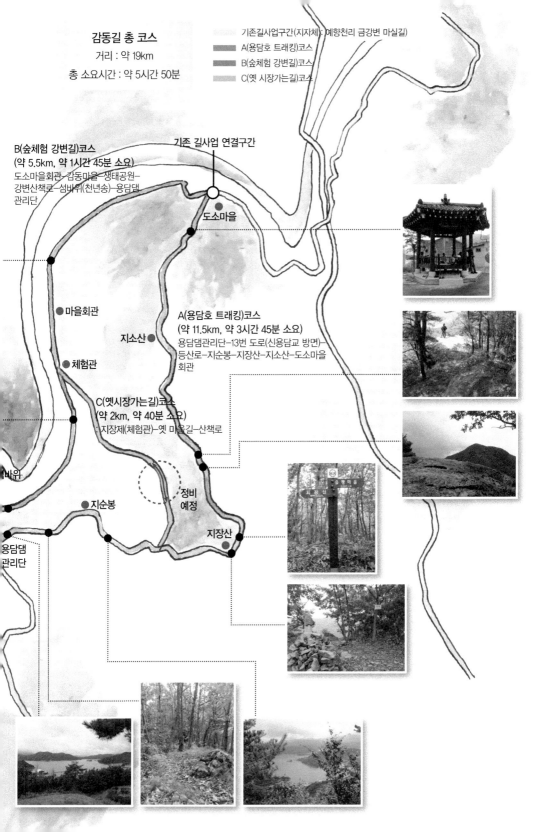

감동길 총 코스

거리 : 약 19km

총 소요시간 : 약 5시간 50분

기존길사업구간(지자체) : 예향천리 금강변 마실길)
A(용담호 트래킹)코스
B(숲체험 강변길)코스
C(옛 시장가는길)코스

B(숲체험 강변길)코스
(약 5.5km, 약 1시간 45분 소요)
도소마을회관–감동마을–생태공원–
강변산책로–섬바위(천년송)–용담댐
관리단

기존 길사업 연결구간

도소마을

A(용담호 트래킹)코스
(약 11.5km, 약 3시간 45분 소요)
용담댐관리단–13번 도로(신용담교 방면)–
등산로–지순봉–지장산–지소산–도소마을
회관

마을회관

지소산

체험관

C(옛시장가는길)코스
(약 2km, 약 40분 소요)
지장제(체험관)–옛 마을길–산책로

정비
예정

바위

지순봉

지장산

용담댐
관리단

감동마을에 가면...

● 감동길

봄

Spring

고사리따기, 산나물 채취, 약초체험, 인삼화분만들기, 죽순

마을이 금강 상류 가까이에 위치하고 있어 풍경이 아름답다. 마을에 들어서면 그냥 풍경체험을 할 수 있는 곳이다. 강에는 수달이 살고 있어 얼마나 맑은 물인지를 증명해준다. 또 원앙새가 이곳에 살고 있어 때만 맞으면 헤엄치는 원앙가족과 새끼들을 볼 수 있다.

마을 앞에 있는 지장산을 산책하면서 산나물이나 약초 체험도 할 수 있다. 예전에는 감나무가 많아 마을 이름까지 '감' 자가 들어갔지만 지금은 감나무는 많이 없고 토종 대나무가 엄청 많이 자라고 있다. 대나무 숲에 들어가 바람소리 한번 들어 봄직하다. 죽순을 캘 수 있는 시기가 짧아서 체험행사로 하지는 않지만 시간대가 맞아 별도로 부탁을 한다면 죽순을 캐 요리해 먹을 수 있다고 한다.

마을에 고사리 밭이 있는데 우리가 보는 건 매양 말린 것만 봤으니 살아있는 고사리가 얼마나 예쁜지 알게 될 것이다. 끝을 동그랗게 말아 올려 땅위로 솟아오른 고사리는 마치 귀여운 곤충 같은 느낌이 든다. 고사리는 4월초부터 7월까지 채취를 한다고 하니 해볼 만한 체험이다.

여름 **뗏목타기, 대나무공예, 불꽃놀이,감자캐기, 인삼캐기, 천연비누만들기**

여름하면 더운 것과 시원한 것을 동시에 떠올리게 된다. 감동마을에서는 그것을 동시에 해결할 수 있는 곳이다. 강이 코앞에 있으니 물놀이를 할 수 있어 더운 것을 아주 잊어버릴 수 있다. 또 대나무 뗏목타기 체험이 있어 원시적인 생활 체험을 해볼 수 있다. 대나무 뗏목은 요즘 유행하는 튜브배로 하는 래프팅과는 차원이 다르다. 그야말로 인류 최초의 배를 타고 가는 것이니 천천히 강을 저어 가면서 도시적인 삶을 돌아 볼 수 있는 계기가 될 수 있다. 뗏목뿐만 아니라 대나무를 이용한 대나무 물총 만들기, 대나무로 곤충 모양의 펜던트들을 만드는 체험도 할 수 있다.

밤에는 강가에 불꽃놀이를 할 수 있는 장소가 있으니 하늘에 불들의 춤을 만들어 볼 수 있다. 여름 더위를 생각할 겨를이 없다. 배가 고프거나 간식이 생각날 때 모닥불을 피워 감자, 고구마를 구워 먹으면 입안에서 달콤함이 불꽃놀이를 할 것이다.

가을
Autumn

으름 다래, 오디 따기, 고구마캐기, 인삼캐기, 두부만들기, 천연비누만들기

감동마을의 가을은 특별함이 있다. 지장산에서 나는 산과일을 먹을 수 있기 때문이다. 우리나라에도 숲에서 나는 과일들이 꽤 있다. 보통 밤이나 도토리 정도만 생각하지 만 머루, 다래, 으름, 개금, 오디, 산딸기 등 열매들이 있다. 열매 하나에 무슨 특별함이 있냐고 한다면 몰라서 하는 소리다. 숲속에 길을 걷다가 예쁜 으름이나 다래를 만난다면 신화 속에 빠져든 느낌이 들 것이다. 더불어 안내자에게 더덕이나 버섯 공부를 한다면 숲은 완전 다른 세계가 된다. 산딸기는 초여름에 가야 먹을 수 있고 오디는 마을에서도 채취할 수 있다. 또 지장산 단풍 구경은 잘 익은 부록이다. 단풍 속으로 들어가 으름, 다래 따먹으면 황홀한 가을 체험이 될 것이다.

Tip

으름_ 낙엽 덩굴성 관목으로 우리나라 중부이남지역에 주로 분포한다. 다섯 개의 소엽이 긴 잎자루에 달리는데 소엽의 수가 여덟 개인 것은 여러잎으름이라하여 잎과 열매 모양이 특이해서 조경상의 가치가 인정되어 심어지고 있다. 으름은 봄에 암자색의 꽃이 피고 긴 타원형의 장과가 암자색으로 가을에 익는다. 열매는 맛이 달고 식용하나 씨가 많이 들어 있다.
뿌리와 줄기가 소염 · 이뇨 · 통경 작용에 효능이 있으므로 약재로 쓴다.

다래_ 우리나라 산에서 자라는 덩굴나무이다. 반 그늘진 곳에서 자란다. 키는 2~5m 정도이고, 잎은 넓은 난형과 타원형으로 가장자리에 가늘고 날카로운 톱니가 있다. 꽃은 흰색으로 암수딴그루이며 3~10송이 가량이 아래로 향해 핀다. 열매는 7~8월경에 붉게 달리고, 다 익은 과실은 생활에 많이 이용된다. 키위, 즉 양다래와 맛이 매우 흡사하다. 어린잎은 나물로, 열매는 식용으로 쓰인다.

겨울 짚공예, 썰매타기, 인삼캐기

체험관에서 짚공예를 할 수 있고 논에 만들어진 얼음에서 썰매를 탈 수 있다. 강에 철새들이 날아오므로 철새를 관찰 할 수도 있다. 마을 앞 겨울 금강이 있고 마을 뒤에는 겨울 지장산이 있으니 산과 강을 한 번에 다 누릴 수 있는 마을, 혹시라도 감나무에 달린 까치밥이 있으면 염치불구하고 한번 얻어먹어봐야 된다.

감동마을에서 인삼캐기 체험은 3월말부터 12월까지 해볼 수 있다. 인삼은 재배할 때 검은 차양을 덮기 때문에 일반인이 그 모습을 보기 힘들다. 그리고 1년 생 작물이 아니라 여러 해 키워 수확하기 때문에 다른 농작물 보다 귀하게 여긴다.

Tip
인삼의 분류_

천종 : 원종의 씨앗을 까바귀가 믹고 이동하여 적지에 배설한 것이 자생한 것이다.

지종 : 원종의 씨앗이 그 자리에 떨어져 자생한 것이다.

인종 : 천종이나 지종의 씨앗을 사람이 채종하여 인위적인 방법을 가하지 않고 그대로 파종한 것이다.

인삼 : 많은 양의 산삼을 생산하기 위해 재배 기술을 개발하여 키운 것이다.

산식 : 재배지를 자연의 상태로 이동하여 장뇌의 초기 재배 형태로 인삼의 종자를 산에 자생시킨 삼을 말한다.

장뇌 : 인삼의 종자나 산식삼의 종자를 조류가 먹고 이동하여 번식시킨 천연삼을 말하나 산식삼 중에도 2대 이상된 삼의 종자를 먹고 이동시킨 것이라야 장뇌의 대열에 낀다고 본다.

■ 숙박시설 및 길안내
감동마을의 민박집은 모두 예쁜 간판들을 가지고 있다.

*마을회관
감동마을 주민들이 함께 모이는 마을회관입니다. 주방 시설이나 사워장, 화장실 들이 잘 갖추어져 있어 이용하기에 편리하다.

예약 및 문의
011-9077-7434, 063-433-8433

*농촌전통테마마을센타
센타 앞으로 보이는 지장산과 강이 참 아름답다. 아주 큰 방이 하나 있어 교육장이나 회의장소로도 쓴다. 건물 안 밖으로 기타 편의 시설이 다 갖추어져 있다.

예약 및 문의
김광생 010-9443-7442, 063-433-8433

홈페이지 **www.gamdong.go2vil.org**

길끝에서 만나는 어메니티

:: 마이산

1억 년 전의 신비가 아직까지 남아있는 산. 말귀를 닮았다 하여 마이산이라고 했다지만 산 이름이 그리 간단하게 느껴지지 않는 신비함이 있다. 노령산맥의 경계에서 진안고원의 중심에 위치한다. 산 전체가 수성암으로 이루어진 673m의 암마이산봉과 667m의 숫마이봉으로 금강과 섬진강의 분수령을 이루고 있는 곳이다.

:: 용담호

용담댐이 완성되자 금강의 상류에는 댐과 함께 거대한 연못이 생기게 되었다. 이렇게 되자 주민들은 이곳의 지명을 깊은 연못을 뜻하는 담(潭)자가 들어가도록 지었던 선인들의 선견지명에 감탄하게 되었다. 나중에 물이 수몰지역에 차 오르자 용담이라는 말 그대로 용의 형상이 나타났는데 하늘에서 봐야 볼 수 있으니 아쉬운 일이다.

:: 태고정 (수천리)

유생들이 풍류를 즐기던 이 정자에는 선현들의 뛰어난 작품들이 걸려 있는데 1911년 총독부가 이를 압수하려 하자 한 용담주민이 자기 재산을 털어 되 찾았다고 한다. 용담댐 건설로 수몰되므로 망향의 동산과 같이 1998년도에 본래의 위용을 그대로 살려 이전되었다.

금강 유역

귀농 1번지를 찾아서

능길 마을 | 능길 뚱딴지길

산골체험학교 앞으로 흐르는 구량천을 건너는데 인기척에
놀란 몇 마리의 왜가리가 날아오른다. 조심스럽게 발자국
소리를 줄여도 자연에게 있어 나는 타인일 뿐이다. 쉬리,
쏘가리, 모래무지 등 먹이가 풍부한 이 마을 하천을 따라
조금 내려가자 산 한편 소나무 숲에서 왜가리가 집단 번식
하는 서식지가 보인다. 하천 생태계가 그만큼 잘 보존되어
있다는 반증이리라.

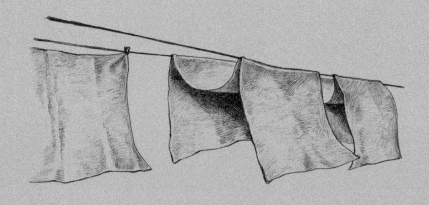

능길뚱딴지길
능길마을
*전북 진안군 동향면 능금리

귀농 1번지를 찾아서

"정말 단단히 작정하고 마음먹지 않으면 오기 힘든 곳이 우리 마을입니다. 하지만 막상 와서 보면 또한 가기 싫은 곳이 우리 능길마을입니다."

진안 능길마을 가는 길은 멀다. 멀어서 좋다. 변변한 상점은 고사하고 식당 하나 없다. 아무리 둘러봐도 첩첩 산뿐이다. 내비게이션이 없으면 찾아가기조차 힘든 말 그대로 산골마을이다. 해발 400m의 고원지대라는 말이 실감이 간다. 한적한 시골이라는 표현으로는 많이 부족한, 속어로 깡촌이라고 해도 무방하겠다. 그런데 이런 산간 오지마을이 어떻게 자칭타칭 귀농 1번지가 될 수 있었을까. 그 현장 속으로 들어가 본다.

대전–통영 고속도로 덕유산IC에서 빠져나와 무주 방면으로 20여분 남짓 달렸을까. 산과 산 사이, 물과 물 사이 끊어질 듯 이어질 듯 아련한 길 끝에 능길마을이 있다. 뱀처럼 기어가는 길. 그러나 바쁠 것은 없다. 뱀 꽁무니를 잡고 구불텅구불텅 천천히

흘러 들어간다. 청량하다 못해 귓속을 가득 적시는 물소리에 장단을 맞춘다. 물의
흐름에 보폭을 맞춘다. 이대로 저 물길을 따라 흘러가면 금강에 닿으리라.

"능길마을에 오실 땐 큰 자루 두 개쯤 갖고 오셔야 합니다. 하나는 맑은 공기를
담아 가셔야 하고, 또 하나는 별을 담아 가셔야 합니다. 반딧불이 펼치는 영롱한
군무는 가슴 속 추억으로 간직하시고…"

마을 중심에 아담하게 위치한 '능길산골체험학교'. 이곳이 바로 귀농 1번지의 산
실이다. 1993년 폐교가 된 능길분교를 재단장하여 농촌체험의 현장으로 탈바꿈시
킨 뒤 수많은 귀농인들을 길러낸 농촌사관학교라 할 수 있겠다. 귀농을 꿈꾸고 준

비하는 사람들의 땀과 눈물이 뿌려졌음인가. 운동장에 깔린 잔디들이 유독 푸르고
짙다. 2002년 녹색농촌체험마을로 지정된 이후 꾸준히 늘기 시작한 체험객들이 어
느덧 연간 2만 명이 넘을 정도로 호응을 얻고 있다고 한다. 가히 귀농의 메카라 할
수 있지 않은가.

산골체험학교 앞으로 흐르는 구량천을 건너는데 인기척에 놀란 몇 마리의 왜가리
가 날아오른다. 조심스럽게 발자국소리를 줄여도 자연에게 있어 나는 타인일 뿐이
다. 쉬리, 쏘가리, 모래무지 등 먹이가 풍부한 이 마을 하천을 따라 조금 내려가자
산 한편 소나무 숲에서 왜가리가 집단 번식하는 서식지가 보인다. 하천 생태계가
그만큼 잘 보존되어 있다는 반증이리라. 산중턱에는 노란 뚱딴지 꽃과 형형색색 코
스모스가 온 산을 뒤덮고 있다. 뚱딴지는 8월에서 9월 사이에 꽃이 피는데 이맘때

귀농 1번지를 찾아서
능길마을

● 능길뚱딴지길

면 산중턱이 온통 노란 꽃밭으로 변한다.

"농사를 짓겠다는 생각으로 귀농을 한 사람은 대개 실패
하더라구요. 흙은 아무에게나 선뜻 마음을 내어주지 않거
든요. 처음 연애하듯이 천천히, 흙의 마음이 열릴 때까지
기다릴 줄 알아야 합니다."

뚱딴지는 돼지감자라고도 불리는 서민들의 애환이 서린
식물이다. 야산에 아무렇게나 버려져 자라던 뚱딴지를 시
범삼아 재배한 것이 이제는 주요 수입원으로 자리를 잡아
가고 있다고. 북아메리카가 원산지인 뚱딴지는 국화과 식

물로 '이눌린'이라는 성분을 다량 함유하고 있어 특히 당뇨병에 좋고, 최근 다이어트 식품으로 인기를 끌고 있다. 뚱딴지를 차와 효소, 환으로 가공해 소비자들에게 판매하는데 호응도가 점점 높아지고 있단다. 이렇듯 작은 것에서부터 시작한 노력과 열정들이 모여 오늘날 귀농 1번지로 자리매김할 수 있었으리라.

구량천 옆 자연생태 습지에는 창포와 부들, 물옥잠, 수련과 개구리, 맹꽁이가 서로 어울려 살아가고 있다. 노적봉 정상까지 이어진 산책로는 산악자전거를 이용할 수 있을 정도로 잘 닦여져 있다. 산책로 주변에서 흔들리는 고사리 노란 가지들이 거대한 물결처럼 보인다. 봄이 되면 이 고사리와 산나물을 채취하러 도시의 아이들이 몰려들 것이다. 그리고 누구는 농부의 꿈을 키울 것이다. 귀농 1번지 진안능길마을에 오면 누구나 자연의 일부가 될 수 있다. 아니, 자연이 될 수 있다. 황토 염색하기, 막걸리 만들기, 두부 만들기, 떡 만들기, 뗏목타기, 아토피체험 등등은 자연 속에서 얻을 수 있는 작은 즐거움이다.

능길뚱딴지길 느리게 걷기 逍遙

● 연계 가능한 도보여행길 소개

》 진안고원마실길

- 진안군 내에서 조성한 진안마실길은 진안의 100여개 마을 40여 고개를 지나며 마을 자체가 해발 400m 내외를 오르내리는 남한 가장 높은 고원지대에 있다. 진안고원을 넘나들고 자연경관과 마을을 잇는 고갯길 등을 도보문화의 한 형태로 이었으며 진안의 문화경관을 만날 수 있는 진안트레일로 총 16개 구간 216㎞로 연결시켰다.

- 마실이란 말은 마을을 뜻하는 옛말로, 흔히 옛날 사람들이 "마실가다"라고 할 때는 이웃 마을에 놀러가는 것을 말한다. 이 말을 확대시켜 '진안마실길'은 옛 조상들의 얼이 깃든 마을 가장자리를 잇는 걷는 길로 발전시켰다. 진안마실길의 13, 14구간이 능길마을을 지나게 된다.

● 그린로드 코스 소개

》 능길뚱딴지길

- 그린로드 능길뚱딴지길은 진안고원마실길 구간이 지나며 능길마을의 체험과 고원의 자연경관을 느낄 수 있는 길이다. A코스는 폐교를 리모델링하여 체험관으로 사용하는 능길산골학교를 시점으로 보건소를 지나 우측의 다리를 건너 천을 따라 농로로 걷다가 우회하여 능길마을 앞산 아래 농로를 따라 생태연못체험장에 이른다. 계속해서 농로로 가다가 축사 뒤 넓은 흙길을 만나 그 길을 따라 야영장에 도착한다. 농로로 이어진 다리를 건너 천변 농로를 따라 걷다가 능길마을 앞 도로로 이르고 능금교회를 지나 산골학교로 돌아오는 길이다. 자전거 길로도 활용될 수 있으며 경사가 없어 가족이 함께 걷기에 좋은 길이라 할 수 있겠다. 또한 한적한 시골의 경치와 마을 앞 천의 경쾌한 물소리와 시원함을 동시에 느낄 수 있다.

- B코스는 능길산골학교에서 출발하여 수로를 따라 산골학교 옆 마을 안길로 접어든다. 안길로 오르다보면 우측에 경작지가 보이는데 바로 왼쪽의 소로를 따라 오르면 네 갈래 길에 소나무 한그루가 마중을 나와 있다. 갈래길 우측으로 가면 그 길에서 능길마을의 다채로운 경관을 보이는 고원을 만날 수가 있다. 길을 오르다보면 두 갈래 길이 나오는데 왼쪽으로 길을 향하면 길 끝에 파란색 지붕의 간이 창고가 있다. 여기부터 임도까지 만나는 100m가량은 예전에는 사람들이 다녔으나 현재는 다니지 않아 수풀이 우거져 현재는 다닐 수 없으나 정비가 되면 순환을 할 수 있는 코스라 하겠다. 임도에서 부터는 진안고원길마실길 구간으로 길을 따라 상능마을로 접어들고 마을을 지나 보건소, 그리고 다시 산골학교에 도착한다.

능길마을 찾아가는 길

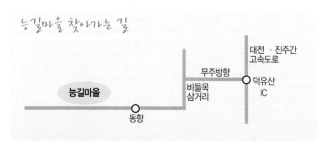

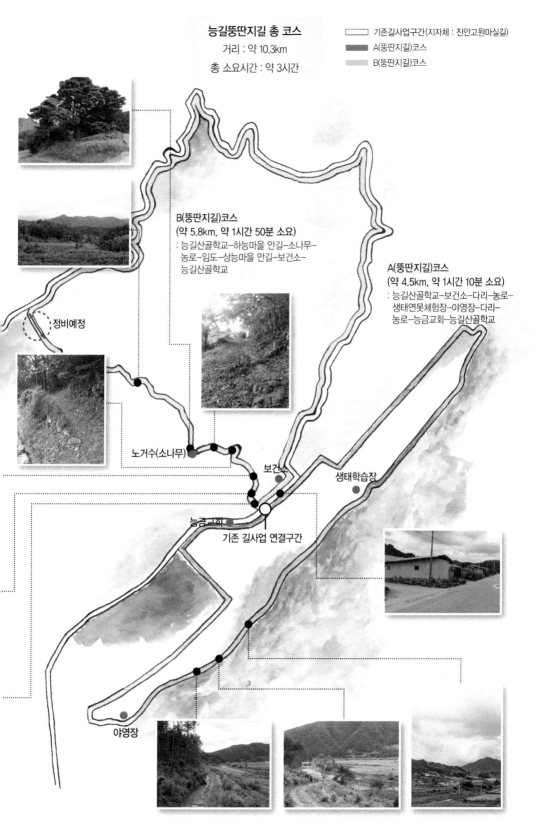

능길뚱딴지길 총 코스

거리 : 약 10.3km

총 소요시간 : 약 3시간

기존길사업구간(지자체 : 진안고원마실길)
A(뚱딴지길)코스
B(뚱딴지길)코스

B(뚱딴지길)코스
(약 5.8km, 약 1시간 50분 소요)
: 능길산골학교-하능마을 안길-소나무-
농로-임도-상능마을 안길-보건소-
능길산골학교

A(뚱딴지길)코스
(약 4.5km, 약 1시간 10분 소요)
: 능길산골학교-보건소-다리-농로-
생태연못체험장-야영장-다리-
농로-능금교회-능길산골학교

정비예정

노거수(소나무)

보건소

생태학습장

능금교회

기존 길사업 연결구간

야영장

봄	**천연염색, 야생화관찰, 감자심기, 고추심기, 가죽나물전, 두부만들기,**
Spring	**떡만들기, 솟대만들기**

천연염색은 연중 체험이 가능하며 체험하는 재미도 있고 예쁜 기념 품을 만들어갈 수 있어 더 없이 좋다. 야생화 관찰을 위해 숲과 들 을 걸으며 봄 햇살도 체험해 보면 좋다. 도시와 다른 정말 봄맛이 나는 따뜻한 햇볕이 있다는 걸 알게 될 것이다. 감자를 심고 고추 모종을 심는 흙은 또 얼마나 부드러운가. 생명이 살 수 있는 흙이라 생각하면 달라 보일 것이다.

능길마을은 마을이 번성하고 잘살고 모든 일이 잘 된다는 뜻으로 지었다고 하니 이 마을에서 솟대를 만들어 간다면 복을 가져가는 셈이다. 솟대체험은 아주 단순한 조형이 얼마나 아름다운지도 알 수 있는 계기가 된다. 가죽나물전을 만드는 체험이 있는데 가죽나 무잎을 좀 얻어 가서 부각을 만들어 먹어보라고 권하고 싶다. 현장 에서 부각을 만들기에는 어려운 점이 있으므로 집에 돌아와서 만들 어 먹어보면 정말 우리네 담백한 반찬 맛을 제대로 느낄 수 있다.

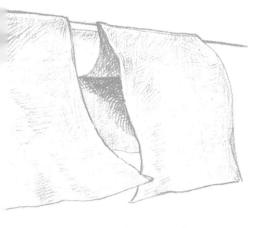

능길마을에 가면...

● 능길똥딴지길

여름　떳목타기, 수박따기, 감자캐기, 옥수수따기, 고구마캐기, 메뚜기잡기, 반딋불이체험

여러 가지 과일 따기를 하지만 수박을 따는 것은 느낌이 다르다. 가녀린 덩굴 식물에 그렇게 큰 과일이 열려 있는 것 자체가 경이롭다. 시장에 놓여 있는 꼭지만 달려 있는 수박을 보는 것과 다르다. 크기도 크기지만 색깔이나 느낌이 아주 다르게 느껴질 것이다. 생명이 있다는 느낌 같은 거.

요즘도 벼메뚜기 튀김이 음식으로 판매되고는 있지만 옛날 시골에서는 벼메뚜기 반찬을 자주 해먹었다. 방아깨비 한번 잡아 보시라 얼마나 멋진 곤충인지, 왜 곤충이름이 그렇게 됐는지 금방 알게 될 것이다.

반딧불이 체험은 밤에 이뤄지는데 밤하늘에 별이 반짝인다면 지상에는 개똥벌레 반딧불이가 반짝인다. 개똥벌레 애벌레도 빛을 내기 때문에 잘못 애벌레를 잡았다가는 물컹해 식겁한다.

Tip
개똥벌레

반딧불이의 애칭이 개똥벌레다. 딱정벌레 종류로 배마디 배면 끝에서 2~3째 마디는 연한 노란색이며 빛을 내는 기관이 있다. 애벌레는 다슬기를 먹이로 수중생활을 하는데 다슬기가 없으면 반딧불이도 살수 없는 것이다. 애벌레는 번데기가 되기 위해서 비가 오는 야간에 땅 위로 올라간다. 50여 일 동안 땅 속에 번데기 집을 짓고 그곳에 머물다 40여 일 후 번데기가 된다. 6월경에는 어른벌레가 되어 빛을 내며 밤에 활동을 하기 시작한다.

어른 반딧불이의 수명은 2주 정도로 이슬을 먹고 산다. 어른벌레뿐만 아니라 알, 애벌레, 번데기도 빛을 낸다.

가을
Autumn

벼베기, 콩수확, 허수아비만들기, 밤줍기, 더치집만들기, 별자리체험, 막걸리만들기

허수아비는 새를 쫓기 위한 방책으로 쓰던 것인데 점차적으로 예술적 가치를 지니게 된 한 문화로 발전했다고 할 수 있겠다. 허수아비만들기 체험은 그런 차원에서 자기만의 인물을 창조해 내면 재미가 한층 더 할 것이다. 새가 한 마리도 접근하지 못할 허수아비를 만든다면 특허를 낼 수도 있지 않을까.

혹시 벼베기나 콩수확 같은 것을 다 체험하는 분이 있을지 모른다. 현대에 들어서면서 인간이 도구사용법을 다 잊어버리고 있다. 벼베기는 그야말로 풀을 베는 것인데도 불구하고 상당한 요령이 필요하다. 낫 사용법을 배워야하고 특히 안전에 주의해야한다. 장난을 치거나 낫을 함부로 다루어서는 안 된다. 벼포기가 낫에 잘 잘라지는 각도를 베워야 하고 베다 보면 허리가 얼마나 아픈지 노동의 힘듦을 배우게 된다. 더 중요한 것은 나락이 떨어지지 않도록 조심해야 한다. 귀하게 다루어야 한다. 콩은 수확도 수확이지만 기회가 되면 도리깨질 한번 경험해보라.

Tip
막걸리만들기

막걸리 만들기 체험은 단순히 술을 만드는 체험이 아니라 막걸리가 만들어지는 과정을 잘 살펴보고 공부하는 것도 좋다. 재료, 발효와 숙성 등 술이 되기까지 과정을 아주 옛날에 조상들이 발견하고 만들어 놓은 것이다.

특히 막걸리에는 누룩이 들어가는데 술을 만드는 효소를 갖는 곰팡이를 곡류에 번식시킨 것이다. 누룩은 빛깔 따라 황국균, 흑국균, 홍국균, 모양새에 따라 떡누룩, 흩임누룩 아주 많은 종류들이 있다. 백제사람 수수보리가 일본에 누룩으로 술 빚는 신법을 전해줘 일본의 주신이다.

겨울 **산골 체험 프로그램**

겨울에는 산골체험학교 캠프가 열린다. 1박2일 프로그램으로 자연 생태체험을 교육적인 접근 방식과 체험을 통해 농촌문화를 이해하는데 많은 효과가 있다.

능길산골 체험학교는 동향초등학교 능길 분교가 폐교가 돼 농촌체험마을로 농림부에서 지정이 되어 매년 산골체험학교 캠프를 진행하고 있다.

도시에 있는 가족들이 능길마을 겨울 산골체험학교 캠프 프로그램을 통해 농촌 연만들기와 날리기 체험은 아이들에게는 더없이 좋은 체험이다. 연은 많은 것이 연관된 놀이이다. 연실을 감는 얼레라고 하는 연자세를 만들어야 하고 연자세도 여러 종류가 있다. 연싸움을 해볼 수 있고 또 일부러 연줄을 끊어 날려 보내기도 해볼 수 있다.

솟대를 만들고 저녁에는 우리가락을 배우고 부르는 시간도 있다. 썰매타기와 팽이치기 체험도 있는데 예전에는 이런 것들을 스스로 다 만들어 썼다. 그러나 지금은 썰매를 만들려면 망치질과 톱질을 배워야 하고 썰매손잡이는 쇠를 달구어 꼬챙이를 꽂아 넣어야하는 등 너무나 많은 기술을 배워야 하기에 짧은 시간에 하기가 어렵다. 이렇게 뛰놀고 먹는 밥은 그야말로 꿀맛이다. 햄버거같은 인스턴트 식품이 전혀 생각나지 않는 건 왜일까.

시린 손을 호호 불며 하늘에 연을 날리는 아이들의 꿈은 그만큼 깨끗해지고 넓어질 것이다.

■ **숙박시설 및 길안내**
마을 폐교를 리모델링한 곳에 숙박시설이 있음.
예약 및 문의
박천창 010-8755-0367

홈페이지 **www.nungil.org**

길끝에서 만나는 어메니티

풍혈냉천

전라북도 진안군 성수면 좌포리 양화마을에 있는 일명 말궁굴이 산이라고도 불리는 대두산 기슭에 있다. 동굴 안에 한여름에도 섭씨 4~5℃의 찬바람이 나오는 풍혈이 있고, 그 옆으로 사시사철 변함없이 섭씨 3℃의 물이 솟아나는 석간수인 냉천이 있다.

이 물은 물맛이 좋을 뿐 아니라 피부병과 위장병에도 특효가 있는 약수로서, 한국의 명수 100선에 선정되었다. 동굴 뿐 아니라 대둔산 기슭 곳곳에 풍혈이 있어 바위가 얼기설기 얽혀 틈새가 난 곳에서는 어김없이 냉기가 뿜어져 나와 여름이면 여기저기 바위에 사람들이 앉아 있어 하나의 풍경을 이룬다. 풍혈냉천은 진안의 명산인 마이산으로부터 약 10km 거리에 있으니 둘러보면 좋다.

운일암 반일암

운장산 동북쪽의 계곡으로 길이 약 5㎞에 이르며 주자천계곡 · 대불천계곡이라고도 한다. 깎아지른 절벽에 하늘과 돌과 나무와 구름밖에 보이지 않는다 하여 운일암이라는 이름이 붙여졌다. 또 이 계곡이 너무 깊어 반나절밖에는 햇빛을 볼 수 없다 하여 반일암이라 불리기도 하였다. 옛날에는 이 길이 전라감영인 전주와 용담현을 오가는 가장 가까운 지름길이었는데 길이 너무 험해 다 가기도 전에 해가 떨어졌다 하여 운일암(隕日岩)이라 불렸다고도 한다. 계곡 양쪽이 절벽과 울창한 수풀로 둘러싸인 협곡으로 이루어져 쪽두리바위 · 천렵바위 · 대불바위 등의 기암괴석이 즐비하고, 부여의 낙화암까지 뚫려 있다는 용소가 유명하다. 한여름에도 계곡물이 차고 숲이 우거져서 찾아오는 사람이 많으며 가을 단풍도 그 이름만큼 유명하다.

천황사 전나무

진안군 청천면의 섬진강의 발원지인 구봉산 천황사의 부속암자 남암 앞에 있는 나무이다. 이 전나무는 천황사의 번성을 기원하며 심은 나무로 전해지고 있다.

전나무는 젓나무로 쓰기도 하는데 이 나무에서 젓처럼 하얀물질이 나와 젓나무라 부른다고 한다. 천황사 전나무는 수령이 오래되고, 현재까지 국내에 알려진 전나무 중 가장 클 뿐 아니라 나무의 모양과 자라는 상태가 매우 좋은 편이어서 학술적 가치가 높아 천연기념물로 지정된 유일한 나무이다.

금강 유역

붕새의 숨결을 찾아서

붕새언덕마을 | 붕새언덕길

금강 하구는 유독 강폭이 넓다. 주변 대부분이 완만한 평야로 이루어진 곡창지대다. 강 유역을 따라 잘 정비된 둑길 아래로 갈대와 억새풀이 우거져 있다. 둑길 위에서 자전거를 타는 아이가 가는 곳에 곰배나루가 있다. 강을 따라 시원하게 자전거도로가 뻗어 있다. 강을 시민의 품으로 돌려주겠다는 약속을 지키기 위해 애쓴 흔적이 역력하다. 그 약속을 저 아이는 훗날 어떻게 받아들일 것인지… 모든 애욕을 안고 그래도 강은 흐른다.

붕새언덕마을

*전북 익산시 웅포면 대붕암리

붕새의 숨결을 찾아서

전북 장수군 신무산 뜬봉샘에서 발원하여 400여km를 거침없이 달려온 금강이 서해바다를 앞에 두고 잠시 숨을 고른다. 더 넓은 세계로 날아오르기 위해 비상을 준비하는 한 마리 붕새처럼, 금강은 날갯죽지를 묻고 고요히 바다를 바라보고 있다. 하구에 다다른 강에게 바다는 끝이 아닌 시작이다. 새로운 여정을 눈앞에 둔 심호흡이라고 해야 할까.

웅비를 꿈꾸는 강을 바다는 가장 낮은 자세로, 가장 넉넉한 품으로 받아주고 있다. 생각해보니 바다는 언제나 이 세상 가장 낮은 곳에 자리하고 있었다. 문득 '바다가 모든 강의 으뜸이 될 수 있는 까닭은 자신을 더 낮추기 때문이다' 라고 했던 노자의 말씀이 떠올랐다. 세상 모든 물을 다 '받아들이기' 때문에 '바다' 라고 한 어느 교수의 재미있는 말에도 일견 고개가 끄덕여지는 이유다.

금강 하구는 유독 강폭이 넓다. 주변 대부분이 완만한 평야로 이루어진 곡창지대다. 강 유역을 따라 잘 정비된 둑길 아래로 갈대

와 억새풀이 우거져 있다. 둑길 위에서 자전거를 타는 아이가 가는 곳에 곰배나루가 있다. 강을 따라 시원하게 자전거도로가 뻗어 있다. 강을 시민의 품으로 돌려주겠다는 약속을 지키기 위해 애쓴 흔적이 역력하다. 그 약속을 저 아이는 훗날 어떻게 받아들일 것인지⋯ 모든 애욕을 안고 그래도 강은 흐른다.

저 둑길 너머 어딘가에 붕새가 있다고 했다. 그것도 대붕이라 했다. 익산시 웅포면 대붕암리 붕새언덕마을. 야트막한 언덕 아래 샘물처럼 고여 있는 이 마을은 전형적인 농촌 전원 풍경을 담고 있다. 마을로 들어서는데 길가에 세워진 주소표

붕새의 숨결을 찾아서
붕새언덕마을

● 붕새언덕길

지판이 눈길을 끈다. 붕새 1길, 붕새 2길, 붕새 3길… 어딘가 분명 붕새가 있긴 있는 가 본데, 그렇다면 길을 제대로 찾아온 모양인데 아무리 둘러봐도 붕새는 없고 이정 표만 보인다. 장자는 붕새를 보았을까? 북쪽 바다에 사는 물고기 곤이 변하여 새가 되었다고 전해지는 붕새. 상상 속에서만 존재하는 붕새가 어떻게 여기까지 왔을까.

"저 뒷산이 칠성산인디 그 산에 가면 붕새를 닮은 커다란 바위가 있어. 이 근방 사람들은 대붕암이라고 부르제. 그 이름을 따서 대붕암리가 되었제."

농촌전통체험관 옆 정자에 앉아 계신 백발노인의 설명을 듣고서야 조금 의혹이 풀 린다. 그런데 저 노인의 풍모에서 범상치 않은 기운이 느껴진다. 뭔가, 이 압도당 하는 듯한 기운은? 곁에 앉은 젊은 노인께서 자랑스럽게 말을 거들고 나선다. 백발 노인의 연세가 자그마치 백한 살이시다. 그럼, 그렇지. 어쩐지 예사롭지 않더라니.

붕새의 숨결을 찾아서

붕새언덕마을

● 붕새언덕길

한 세기를 거뜬히 견뎌내시고도 노인은 아직 진행 중이고 진화 중이시다.

"어르신, 장수 비결 있으시죠? 그 비결 좀 알려주세요."

손자가 어리광을 부리듯 너스레를 떤다. 그런 나를 보는 어르신의 눈빛이 형형하다.

"비결이랄 게 뭐 있간디? 하루 세 끼 밥 잘 먹은 거밖에 없어. 아마 붕새의 기운을 받아서 그런 모양이지. 사진이나 한 장 잘 박아봐."

어르신들과 대화를 하다가 알게 된 흥미로운 사실 하나. 이 마을은 특이하게도 금강을 끼고 있으면서도 지하수가 나오지 않는단다. 그래서 우물 하나 없고 수돗물이 들어오기 전에는 식수 때문에 고생도 많이 했단다. 이유인즉 마을이 들어앉은 땅 지하가 거대한 암반덩어리란다. 해서 파기도 힘들고 설령 판다해도 물 한 방울 나오지 않는단다. 다행히 금강이 옆에 있어 농사는 그럭저럭 지었다고.

그런데 놀라운 것은 이 척박한 조건을 마을 사람들은 신화로 승화시켜 살아왔다는 점이다. 지하에 묻혀 있는 암반덩어리는 이 마을로 날아온 거대한 붕새가 굳어서 생긴 화석이라고 믿고 살아왔단다. 불리한 여건 속에서도 희망을 놓지 않은 이 마을 사람들의 긍정적인 마음을 엿볼 수 있는 대목이다. 그래서인지 붕새언덕마을에서 만난 사람들의 얼굴에선 늘 미소가 번지고 있었다. 금강이 있고, 곰배나루가 있고, 아름다운 들길이 있고, 희망이 있고, 붕새의 기운을 느낄 수 있는 붕새언덕마을에서의 체험은 그래서 오래오래 기억에 남을 것 같다.

붕새언덕길 느리게 걷기 逍遙

● 연계 가능한 도보여행길 소개

≫ 백제의 숨결 익산둘레길

- 지역의 생태, 문화, 역사를 체험할 수 있는 '백제의 숨결 익산둘레길'은 희망근로 프로젝트로 '걷고 싶은 명상길'을 조성하여 잊혀져가는 조상들의 혼과 얼이 숨쉬는 길을 복원하기 위한 것에서 시작되었다.
- 익산시 주관으로 2009년 11월 함라산 둘레길을 조성하였고, 2010년 웅포 · 성당과 금마 · 왕궁지역을 연결하여 무왕길을 비롯해 금강변과 성당포구 일원 강변포구길 등 3코스 총 63.7km를 조성했다. 1코스인 함라산 둘레길은 함라3부잣집, 최북단 자생차군락지, 입점리고분전시관, 웅포곰개나루, 숭림사 등 총 23.9km이며, 2코스인 강변포구길은 입점리 고분전시관에서 해넘이가 장관인 웅포곰개나루 금강변을 걸어 올라가 조선시대 조운선이 드나들었던 성당포구, 두동편백나무 숲, 두동교회를 거쳐 숭림사까지 총 25.6km에 이르는 길이다. 3코스인 무왕길은 익산쌍릉에서 시작해 익산토성, 미륵사지, 구룡마을 대나무 숲을 지나 서동공원, 서동생가터, 고도리석불입상, 왕궁리유적전시관 등 총 18.4km에 이르는 무왕과 만날 수 있는 길로 백제왕도의 향기를 느낄 수 있다.
- 총 3코스 중 2코스 강변포구길구간이 붕새언덕마을의 전통테마마을 체험관을 지나간다.

● 그린로드 코스 소개

≫ 붕새언덕길

- 그린로드인 붕새언덕길은 마을에서 바라본 금강변의 뛰어난 경관과 금강변 자전거도로를 따라 거닐며 산, 바람, 물, 들을 만날 수 있는 길이다.
- A구간인 강변사잇길은 체험관에서 출발하여 마을 앞 도로를 지나 차도인 강변로로 접근한다. 강변로를 따라가다 우측으로 벚꽃이 만발한 벚나무 가로수길이 펼쳐진다. 벚나무 가로수길을 지나 우측의 강변 자전거도로를 따라 펼쳐진 금강변의 경관을 느낄 수 있을 것이다. 자전거도로를 따라 내려온 후 원대암마을 삼거리에서 우측의 붕새언덕마을방향으로 길을 틀어 체험관으로 도착한다.
- B구간인 전망언덕길은 체험관에서 출발하여 체험관 우측길을 따라 칠성산 산책로로 접어든다. 경사가 높지 않아 조금만 올라가도 정상에서 금강뿐만 아니라 건너편 부여군의 마을전경을 볼 수 있다. 칠성산 산책로를 따라 내려오면 원대암 삼거리에 접어들게 되고 마찬가지로 우측의 붕새언덕마을방향으로 길을 따라 체험관에 도착하는 코스이다. 현재 강변자전거도로는 아직 공사 중이며 조성이 끝나면 이용할 수 있다. 또한 B구간인 전망언덕길은 칠성산 산책로 정비예정 중에 있어 정비가 끝나면 이용할 수 있으며, 멋진 경관을 느낄 수 있을 것이다. 붕새언덕길은 총 약 9km, 약 2시간 20분정도 소요된다.

붕새언덕마을 찾아가는 길

금강

서해안
고속도로

붕새언덕마을

천안 · 논산
고속도로

군산 IC — 나포면 — 웅포면 — 명산리 — 용안 사거리 — 중신 교차로 — 산양 사거리 — 연무 IC

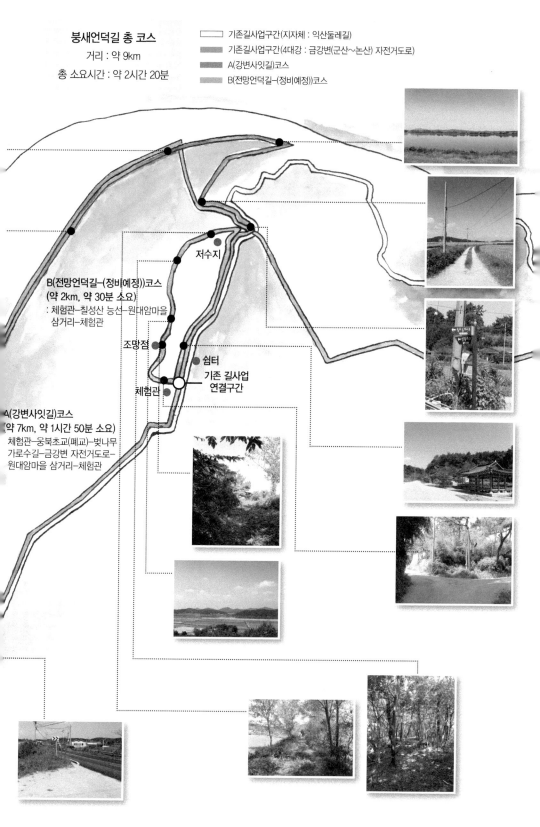

붕새언덕길 총 코스

거리 : 약 9km

총 소요시간 : 약 2시간 20분

◻ 기존길사업구간(지자체 : 익산둘레길)
▬ 기존길사업구간(4대강 : 금강변(군산~논산) 자전거도로)
▬ A(강변사잇길)코스
▬ B(전망언덕길-(정비예정))코스

저수지

B(전망언덕길-(정비예정))코스
(약 2km, 약 30분 소요)
: 체험관-칠성산 능선-원대암마을
삼거리-체험관

조망점

쉼터

기존 길사업
연결구간

체험관

A(강변사잇길)코스
(약 7km, 약 1시간 50분 소요)
체험관-웅북초교(폐교)-벚나무
가로수길-금강변 자전거도로-
원대암마을 삼거리-체험관

붕새언덕마을에 가면…

● 붕새언덕길

봄
Spring

먹고사리, 감자심기, 죽순, 보리밟기

마을 산에 야생 먹고사리가 지천으로 살고 있어 마을의 소득원이 되고 있다. 봄날에 마치 신화를 숨긴 듯 한 모습으로 올라오는 고사리를 꺾어 보는 체험은 더없이 좋은 체험이다. 죽순도 마찬가지다. 세상에서 가장 큰 식물 싹이 죽순 아닐까 싶다. 크게 자라는 나무도 싹은 여리다.

보리는 마늘처럼 겨울을 나는 밭작물이다. 보리밟기를 하는 이유는 추운 겨울 날씨 때문에 보리밭이 얼어서 부풀어 오르거나 너무 따뜻하여 보리가 웃자라는 것을 막기 위해 보리를 밟아줌으로써 보리의 성장을 돕기 위한 것이다.

보통 이른 봄에 이루어지는데 보리밟기 체험은 농사를 짓는 것이 목적이지만 도시인들은 땅을 밟아 건강에 도움이 될 수 있는 일이기도 하다. 참 묘하지 않은가. 조심조심 키워야 하는게 농작물인데 밟아줘야 좋은 것도 있다니. 어느 지역에서는 보리싹을 음식으로 만들어 먹기도 한다.

그리고 편백나무 숲 걷기는 굳이 설명하지 않아도 그곳을 걸어보면 몸으로 느끼게 된다.

여름 자전거하이킹, 마차타기, 편백나무, 고란초구경,
장원농장체험, 1박2일체험관광

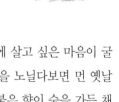

자전거나 마차를 타고 강변을 둘러보면 이곳에 살고 싶은 마음이 굴
뚝같을 것이다. 편백나무 숲을 걷고, 노송 숲을 노닐다보면 먼 옛날
로 들어온 것 같은 기분이 들것이다. 노송의 붉은 향이 숲을 가득 채
워 취하게 만든다. 고란초는 귀한 식물이지만 사람들이 잘 모른다.
화려한 식물이 아니라 바위틈에 자라는 평범해 보이는 식물이기 때
문에 그런지 모르지만 아주 귀한 식물이니 꼭 보기를 바란다.
장원농장 체험은 치즈 만들기, 우유아이스크림 만들기, 승마 체험
등을 할 수 있다. 만들어진 치즈는 우리 생활 깊숙이 들어와 있지만
만들기는 쉽게 해볼 수 없다. 그 과정은 두부 만들기와 비슷하지만
뒤에 숙성발효과정이 더 붙어있다고 보면 되겠다. 물론 두부도 일반
적이진 않지만 숙성발효과정을 거쳐 치즈처럼 만들어 먹기도 한다.
말을 타보는 것도 좋은 체험이다. 짧은 체험으로 말을 능숙하게 탈
수는 없겠지만 경험을 해보는 것은 무척 중요하다.

가을
Autumn

자전거, 마차, 편백나무, 갈대숲, 한과, 복숭아, 토종밤따기

한과 만들기는 천연재료로만 이루어진 우리 먹거리를 만들어 보고 추석제사상에도 올릴 수 있는 것이라 가을을 맞이하는 좋은 체험이다.

복숭아따기 체험을 하면서 맛좋은 복숭아 먹어보는 것도 좋다. 과일 중에 복숭아는 특별함이 있다. 꽃은 복사꽃이라 불러 아름답기 그지 없어 배꽃과 함께 구경을 가는 꽃이다. 귀신을 쫓는다 하여 제사상에는 올리지 않고 복숭아만큼 여러 옛 이야기나 전설에 많이 등장하는 과일이 없을 것이다. 그 생김도 뭔가 인체를 닮은 것도 같고 기하학적이고 그렇다. 또 하나 복숭아는 과일을 따 그냥 덥석 먹을 수 없다. 표면에 솜털이 있는데 피부에 닿으면 깔끄럽다. 복숭아의 자신을 지키기 위한 방어책이다.

여름에 이루어지는 옥수수따기, 자전거 하이킹 등 체험 행사를 가을에도 대부분 할 수 있다.

Tip
고란초

양치식물 고사리목 고란초과의 상록 여러해살이풀. 부여의 고란사 근처에서 자라는 풀이라고 해서 고란초라 이름이 붙여졌다. 백제 궁녀들이 임금에게 고란정 물을 떠다 받칠 때 고란초 한 잎을 띄워 받쳤다는 전설도 있다. 보통 산지의 그늘진 바위틈에서 자란다. 뿌리줄기는 길게 옆으로 뻗고 비늘조각이 빽빽이 있다.

잎자루는 딱딱하며 광택이 있다. 잎 몸은 홑 잎이고 긴 타원 모양의 바소꼴이다.

포자낭군은 둥글고 중앙맥 양쪽의 잎맥 사이에 2줄로 배열하고 포막은 없다. 한방에서는 뿌리를 제외한 식물체 전체가 약재로 쓰인다. 희귀 및 멸종식물로 지정돼 있다.

겨울 설 전 한과 체험, 도시인과 화합한마당, 1박2일 농촌생활체험하기, 김장담그기

무엇이든 남들이 잘 하지 않을 때 해 보는 게 좋을 때가 있다. 붕새마을의 갈대숲과 편백나무 숲, 노송 숲을 겨울에 한번 들어가 보라. 눈이 온 다음이면 더 좋을지도 모르겠다. 겨울에도 편백나무나 소나무는 푸르겠지만 비어 있는 풍경의 맛을 느낄 수 있을 것이다. 그 풍경에 전설의 붕새가 날아올라 반겨줄지도 모른다.

설 전에 한과 만들기 체험을 해보면 옛날 설 분위기를 느껴 볼 수 있을 것이다. 요즘은 설이 그저 공휴일로 변해버리는 것 같아 안타까운데 우리 명절 축제였던 옛날로 돌아갔으면 좋겠다. 1박2일 농촌생활체험은 1박2일간 농촌생활을 체험하면서 농촌문화를 이해하고 좀 더 다가갈 수 있는 계기가 될 수 있다.

■ **숙박시설 및 길안내**
체험관에서 숙박이 가능하며 5가구의 민박집이 있다.

예약 및 문의
이종덕 010-5681-6670

홈페이지 wondaeam.com

길끝에서 만나는 어메니티

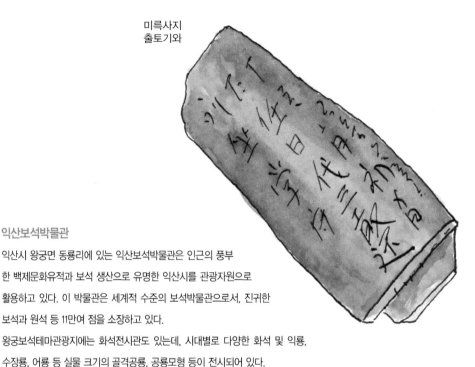

미륵사지
출토기와

:: 익산보석박물관

익산시 왕궁면 동룡리에 있는 익산보석박물관은 인근의 풍부
한 백제문화유적과 보석 생산으로 유명한 익산시를 관광자원으로
활용하고 있다. 이 박물관은 세계적 수준의 보석박물관으로서, 진귀한
보석과 원석 등 11만여 점을 소장하고 있다.
왕궁보석테마관광지에는 화석전시관도 있는데, 시대별로 다양한 화석 및 익룡,
수장룡, 어룡 등 실물 크기의 골격공룡, 공룡모형 등이 전시되어 있다.

:: 익산 미륵사지

마한의 옛 도읍지로 추정되기도 하는 금마면 용화산 남쪽 기슭에 자리 잡은, 추정 규모로는 한국 최대의 사찰지이다.
백제 무왕 때에 창건되었다고 전해지며, 무왕과 선화공주 설화로 유명한 사찰이다. 국보 제11호인 동양 최대의 미륵사
지 석탑과 보물 제236호인 미륵사지 당간지주가 있다.

:: 서동요세트장

서동요는 우리나라 최초의 향가인 4구체 형식의 백제와 신라의 국경을 초월한 아름다운 사랑 이야기이다. 이것이 드
라마로 만들어지면서 사용한 세트장이다.
익산시 신흥동의 신흥저수지에 TV 드라마 서동요의 제1세트장이 있다. 1,000여 평의 대지 위에 계단식으로 백제 마
을이 조성되어 있다. 20여 채의 가옥들이 백제의 분위기를 그대로 옮겨 놓은 듯하다.
세트장 입구에 서동과 선화공주의 실물 크기의 모형 판넬이 서 있고, 통나무로 임시로 만든 선착장은 연인들의 데이
트 장소로 많이 이용된다.
제1세트장의 위치가 앞으로는 강이 흐르고, 뒤로는 산이 있어 새벽녘이면 강안개가 피어오르는데 아주 장관이다.

금강 유역

군막골엔 지금도 사람이 산다

분저리 녹색체험마을 | 분저실역사체험길

작고 아담한 그래서 더 정감이 가는 마을. 산이 깊으면 가을도
빨리 온다. 길가에 핀 코스모스며 구절초가 수확의 계절을
일러준다. 햇살이 맑다. 마을회관 앞에 깔린 잔디가 눈길을
끈다. 예쁘게 꾸며진 농촌체험관은 방문객들을 위한 펜션으로
지어졌다. 자그마한 수영장에선 지난 여름 물놀이하던 아이
들의 웃음소리가 들리는 듯하다. 대추밭 사이로 대청호 푸른
물결이 반짝인다.

분저실역사체험길

분저리 녹색체험마을

*충북 보은군 회남면 분저리

군막골엔 지금도 사람이 산다

대청호에 와서 나는 물 위에도 길이 있다는 것을 알았다. 대청호 상류에 위치한 분저리마을을 찾아가는 길은 물 위를 걷듯 조심스럽게 호반을 달려야 한다. 자동차 마니아들에게는 이미 환상적인 드라이브 코스로 알려진 대청호 호반은 어디가 산이고 어디가 물인지 분간하기 어려울 정도로 산과 물과 길이 겹쳐져 있다. 길을 따라가는 것이 아니라 물을 따라가는 듯한 착각에 빠질 정도다. '산은 산이요, 물은 물이로다' 라고 했던 성철 스님의 말씀은 대청호 호반에선 수정되어야 하겠다. 상류로 들어갈수록 산이 물이고, 물이 산이다.

「분저실 녹색체험마을」이란 이정표가 있어 이곳에 마을이 있음을 알겠다. 서, 남, 북 모두 물에 막히고 마을로 통하는 유일한 길은 동쪽에 난 판장교라는 다리뿐이다. 다리 위에서 보니 물 밑으로도 길이 나 있다. 오래 전 사람들이 닦아놓은 길이 물길이 되고 지금은 물고기들의 길이다. 물에 빠진 산이 물결을 따라 흐른다. 사방 어디를 둘러봐도 산 첩첩, 물 첩첩이다. 물 밖은 천

길 낭떠러지. 분저리마을은 물이 반이고, 산이 반이다. 물은 산도 품고, 길도 품고, 사람도 품 는다. 그래서 물은 푸르다.

속리산 자락에 위치한 분저리마을은 본래 분저 실마을로 알려져 있다. 이 마을은 고려 최영 장 군이 군량미를 분말하여 저장했던 곳으로 분저 곡 또는 분저실이라 불려왔다. 또한 이 마을 뒷 산을 군막골이라 부르는 것으로 보아 최영 장군 의 군사가 주둔했던 것으로 미뤄 짐작할 수 있 다. 하지만 구전으로 전해지는 이야기와 지명만 남아있을 뿐 그것에 대한 역사적 기록이나 표식 이 없어 아쉬울 뿐이다. 고려 군사들이 진지를

첬던 군막골엔 지금은 인삼밭이 대신 들어앉아 있다.

작고 아담한 그래서 더 정감이 가는 마을. 산이 깊으면 가을도 빨리 온다. 길가에 핀 코스모스며 구절초가 수확의 계절을 알려준다. 햇살이 맑다. 마을회관 앞에 깔린 잔디가 눈길을 끈다. 예쁘게 꾸며진 농촌체험관은 방문객들을 위한 펜션으로 지어졌다. 자그마한 수영장에선 지난 여름 물놀이하던 아이들의 웃음소리가 들리는 듯하다. 대추밭 사이로 대청호 푸른 물결이 반짝인다. 길고 길었던 장마 때문인가. 대추의 발육이 더디다. 날씨가 좋았다면 지금쯤 수확을 했을 것이라는 젊은 농부의 푸념 섞인 웃음이 가슴을 찌른다. 이상기후로 인한 피해가 젊은 농부의 꿈마저 앗아가는 건 아닌지… 농부의 삶은 얼마나 고달픈가. 그걸 알면서도 농촌을 지키려는 저 농부의 모습은 또 얼마나 아름다운가.

복숭아를 따는 농부의 손길이 바쁘다. 기울인 노력에 비해 아쉽긴 하지만 그래도 수확의 기쁨은 있다. 복숭아를 먹어보라며 건네는 여인의 미소에 여유가 넘친다.

농촌마을 길, 강변따라 쉬엄쉬엄 걷기 —그린로드

군막골엔 지금도
사람이 산다
분저리 녹색체험마을
● 분저실역사체험길

이곳 복숭아는 유독 당도가 높기로 유명하단다. 해서 많은 복숭아 따기 체험객들이 해마다 이 마을을 찾는다고.

"복사꽃 필 때 꼭 한번 놀러오세요. 무릉도원이 따로 없다니께유."

뚝뚝 떨어지는 복숭아 과즙이 땀방울처럼 맑다. 농부의 아내로 산다는 것은 이처럼 해맑은 웃음을 간직할 수 있다는 것이다. 나는 아름다운 진짜 풍경을 보았다. 물빛이 푸르게 보이는 것은 그 물을 바라보는 사람의 마음이 푸르기 때문이다. 농촌이 아름다운 건 그 농촌을 지키는 사람들이 아름답기 때문이다.

마을 앞 능선을 따라 매봉을 거쳐 웃말에 오른다. 매봉재라 불리던 길이다. 댐이 들어서기 전에는 이 매봉재가 학교도 다니고 장을 보러 다니기도 했던 길이었단다. 이 길을 둘레길로 개발하면 좋은 산행 코스가 될 것 같다. 한눈에 들어오는 대청호의 전경이 푸르고 깊다. 길 옆 동굴에서 물 떨어지는 소리가 울린다. 일제시대 일본인들이 유황을 캐던 동굴이란다. 이 동굴에서 비상이라는 극약의 재료를 채굴했다고. 굴이 워낙 깊고 좁아 정확한 길이를 알 수가 없지만 수탈의 흔적은 고스란히 남아있다. 저녁 무렵 이 동굴에서 날아오르는 박쥐를 볼 수 있단다.

사람의 발길이 잦지 않은 길이라 숲은 잘 보존되어 있다. 아름드리 참나무 군락과 오래된 소나무가 있어 삼림욕을 즐길 수 있겠다. 봄엔 산나물이 지천으로 깔려 있고, 10월쯤이면 송이버섯을 채취하기 시작하는데 누구라도 참여할 수 있단다. 송이버섯이란 말에 귀가 솔깃해진다. 견물생심은 그러나 사람을 움직이게 한다.

분저실역사체험길 느리게 걷기 逍遙

● 연계 가능한 도보여행길 소개

》 대청호둘레길

- 대청호둘레길은 대충청권 녹색생태관광사업으로 청주지역 등산모임인 레저토피아 탐사대가 2년여 동안 발품을 팔고 100여 차례에 걸친 탐사 끝에 대청호 둘레길을 완성하였다. 충청 3개 시·도가 대청호 주변 마을과 소하천을 포함, 도보길 200km에 걸쳐 있으며 주변 등산로, 산성길, 임도, 옛길 등을 포함한다. 또한 대전시 대청호반길과 옥천군 향수길, 청남대 사색길 등이 연계된 길이다. 청원군 문의면 현암정~대청댐 물문화관까지 돌아오는 길은 16구간으로 나뉘며 총 166.1km에 이르고 구간 평균 거리는 10.38km, 코스 트레킹 소요시간은 3시간 50분~6시간 40분 정도이다.

- 댐이 건설된 이후 마을의 반이 수몰되었지만 이로 인해 보여지는 층층의 계단식 다랑이 논을 비롯하여 호수 위로 섬이 되어버린 산과 수목이 펼쳐져 '내륙의 한려해상국립공원'이라는 별칭을 지닌 아름다운 대청호 주변의 구불구불한 길이다.

- 댐 건설 이후 주변 지역이 각종 개발 규제 대상이 되었기 때문에 대청호둘레길의 가장 큰 매력은 길에서 만날 수 있는 때 묻지 않은 청정자연이다.

● 그린로드 코스 소개

》 분저실역사체험길

- 그린로드인 분저실역사체험길은 분저리마을의 옛 이야기가 담긴 베틀굴, 유황동굴과 매봉재에서 바라보는 대청호의 경관을 만끽 할 수 있는 길이다. 코스는 대청호둘레길 4구간의 판장대교를 건너 판장소교 옆 A구간인 옛 탄광길 코스로 접어들게 된다. 숲길을 빠져나오면 안내회남로의 비포장도로로 이어지며 이어서 마을을 지나는 포장도로를 300m 정도를 걸으면 영성센터 예지원 전 왼쪽으로 빠지는 농로로 진입하여 B구간인 역사체험 코스로 접어든다. 소로의 끝은 대청호를 따라 매봉재로 이르는 숲길과 일제시대 때 만들어진 유황동굴, 박쥐 등을 체험할 수 있는 일방형 길로 나뉜다. 일방형 길을 체험하고 다시 매봉재로 이르다 보면 일제시대 때 몰래 굴을 파서 일제의 눈을 피해 베틀을 짜던 베틀굴 및 대청호의 경관을 느낄 수 있다. 숲길의 끝은 마을로 내려가는 길로 이어지며 분저리마을의 입구에 다다르게 된다. 분저리마을 펜션에 들려 휴식 및 식사를 하고 다시 길을 떠나도 좋다. 포장된 C구간의 도로경관 코스를 따라 대청호의 경치를 둘러보며 다시 대청호둘레길과 만난다. 분저실역사체험길 총 구간은 약 7km이며 약 2시간 45분 소요된다.

분저리 녹색체험마을 찾아가는 길

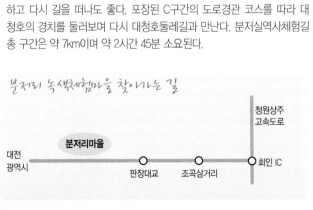

| | | | 청원상주 고속도로 |
| 대전 광역시 | 판장대교 | 조곡삼거리 | 회인 IC |

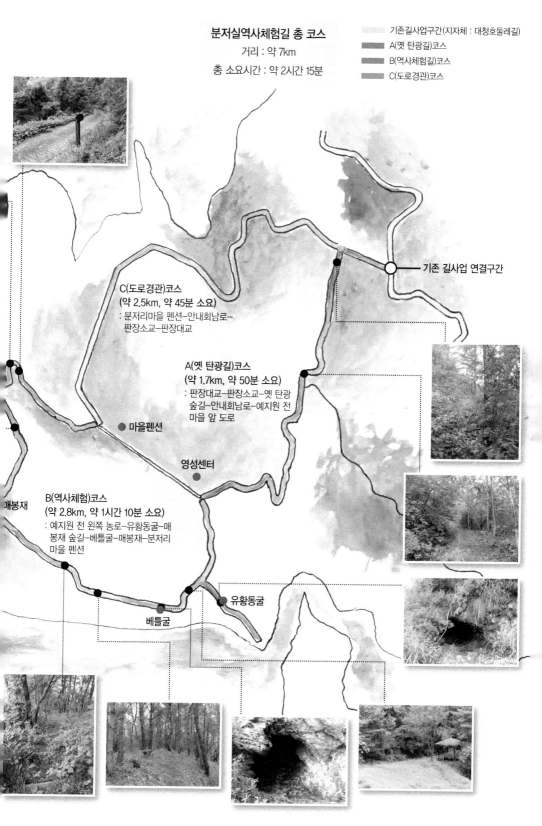

분저실역사체험길 총 코스

거리 : 약 7km

총 소요시간 : 약 2시간 15분

기존길사업구간(지자체 : 대청호둘레길)
A(옛 탄광길)코스
B(역사체험길)코스
C(도로경관)코스

기존 길사업 연결구간

C(도로경관)코스
(약 2.5km, 약 45분 소요)
: 분저리마을 펜션-안내회남로-
판장소교-판장대교

A(옛 탄광길)코스
(약 1.7km, 약 50분 소요)
: 판장대교-판장소교-옛 탄광
숲길-안내회남로-예지원 전
마을 앞 도로

● 마을펜션

● 영성센터

매봉재

B(역사체험)코스
(약 2.8km, 약 1시간 10분 소요)
: 예지원 전 왼쪽 농로-유황동굴-매
봉재 숲길-베틀굴-매봉재-분저리
마을 펜션

● 유황동굴

● 베틀굴

분저리 녹색체험마을에 가면...

● 분저실역사체험길

봄

Spring

봄나물 산나물 채취 및 씨앗뿌리기, 고추심기, 옥수수심기, 복숭아 열매솎기,
개구리생태체험

봄에 산이나 들에 난 나물을 채취하는데 무분별하게 하면 안 된다.
야생 나물을 채취 할 때는 일부는 남겨둬야 꽃이 피고 씨앗을 맺어
다시 땅으로 돌아가야 번식을 하게 된다. 분저리 마을에서 이루어
지는 나물 채취는 씨앗뿌리기도 같이 이루어지기 때문에 그럴 염려
는 없지만 산과 들에 나는 나무하나 풀 하나도 소중히 여기고 보호
해야 한다.

고추나 옥수수는 모종심기를 하는데 아무것도 아닌 것 같지만 땅에
직파 재배 하는 것과 비교하면 농사의 엄청난 변화이다. 종자가 적
게 소요 되고 모종을 튼튼하게 키워 밭에 심어줌으로 해서 수확도 좋
아 지고 노동력도 줄게 하는 효과가 있는 것이다. 복숭아 열매솎기
도 같은 맥락이다. 체험을 하면서 그런 것들을 알아 가면 농업이 얼
마나 과학적인지 알게 된다.

개구리생태체험은 짧은 시간에 그 변화를 체험할 수는 없지만 개구
리 알과 알속에서 검은 점으로 있는 올챙이, 조금씩 움직이기 시작
하는 올챙이, 알 밖으로 나온 아주 작은 올챙이를 동시에 볼 수는
있다.

여름　**물놀이체험, 수생식물관찰, 별자리 관찰, 봉숭아물들이기, 전통예절체험**

낮에 너무 물놀이하다 지쳐 일찍 잠들면 별자리 구경을 못한다. 도시인들은 꼭 별자리 구경을 해야 한다. 도시에서는 겨우 북극성 하나볼 수 있을 정도니 그야말로 별빛이 쏟아져 내리는 밤하늘 속에서별자리들을 찾다보면 마치 다른 세상에 들어와 있는 것을 느끼게 될것이다. 그 별빛은 수천만년 우주를 여행해 지구에 도착한 빛이다.

요즘은 네일아트라고 손톱을 전문으로 꾸며주는 곳까지 생기긴 했지만 사실 봉숭아 물 만큼 예쁘게 꾸미지는 못할 것이다. 아니 비교할 수 없는 것인지 모른다. 봉숭아물은 천연염료로 손톱을 염색 하는 것이고 매니큐어야 화학물로 손톱에 칠하는 것이고 엄청난 해를입힌다. 그리고 그 자연스러움과 화학물로는 표현할 수 없는 색, 우리는 아름다움을 버리면서 살고 있는 셈이다.

전통 예절을 그대로 현실에 적용해 살 수는 없는 시대이다. 그러나예절은 어느 시대고 필요할 것이다. 요즘은 예의 없는 사람이 너무많다. 이곳에 와서 예의범절을 배우고 가는 것은 무엇보다 필요하다.

가을
Autumn

잡곡수확하기, 벼이삭털기, 밤줍기, 도토리줍기, 떡메치기, 압화만들기

원래 수확은 자신이 심은 것을 키워서 해야 그 뜻을 제대로 알 수 있다. 그래야만 콩 한 알 쌀 한 톨 귀한 것을 그냥 알게 된다. 물론 이곳의 수확 체험은 신나게 놀이로 하는 것도 좋다. 오히려 그렇게 해야만 더 가까워지고 친근해질 수 있는 계기가 될 수도 있다.

밤 줍기와 도토리 줍기도 하나둘 모아 가는 재미가 쏠쏠하다. 송이에 한 알만 든 알밤을 주으면 저절로 환호성을 지르게 된다. 너무나 귀엽고 탐스럽기 때문이다. 도토리 줍기를 하다 혹시 도토리 줍는 다람쥐를 만나 가만히 보면 볼이 볼록할 것이다. 다람쥐는 입안에 도토리를 담는다. 밤은 감자나 고구마처럼 삶아 먹어도 되고 구워먹어도 되니 신나게 먹어보자.

압화 만들기는 원래 상당한 경험이 필요한 일이니 작고 쉬운 것을 선택하여 작업해보면 색다른 재미와 함께 선물을 하나 가지고 갈 수 있는 체험이다.

Tip
압화공예

꽃누르미 또는 누름꽃이라고 한다. 압화는 흔히 야생초의 꽃과 잎, 줄기 등을 채집하여 물리적 방법이나 약품처리 등의 인공적인 기술로 누르고 건조시킨 후 회화적인 느낌을 강조하여 새롭게 구성한 것을 말한다. 압화는 꽃을 평면으로 말리기 때문에 조형성이 적은 반면 다양한 매력을 갖고 있기 때문에 압화로 된 한송이 작은 들꽃은 카드, 편지지, 액세서리, 액자용 그림, 전등갓 등 다양한 생활용품에 적용할 수 있고 자체로 훌륭한 장식품이 될 수 있다.

겨울 메주쑤기, 손두부만들기, 전통놀이재현, 고추장.된장 담그기, 김장김치담그기,
지게로 나무하기, 제기 만들기, 가래떡 구워먹기

요즘은 그럴 일이 없겠지만 예전에는 메주쑤기나 고추장, 된장 담그
기 할 때는 삶은 콩 집어 먹는다고 엄청 혼났었다. 먹을 게 없던 시
절이라 삶은 콩이나 고두밥을 하면 등짝을 맞으면서 집어서 도망가
곤 했었다. 그리고 이런 음식들이 상품으로 나와 손쉽게 사먹을 수
있는 시대지만 직접 만든 된장이나 고추장의 맛은 절대 살 수 없다.
긴장담그기는 체험도 체험이지만 현장에서 싱싱한 배추로 담그는
것이라 그 맛이 현격하게 다를 것이다. 지게 지는 것도 요령이 있다.
요령을 터득하면 더 많은 짐을 가볍게 질 수 있다는 것을 알 수 있는
체험이다. 제기를 만들어 차보고 마을 어른들께 물어 자치기도 해보
면 그야말로 자연과 함께 하는 놀이가 뭔지 알게 된다. 컴퓨터게임
처럼 혼자 노는 게임이 아니라 공동게임으로 운동을 하는 게임이다.

Tip
박쥐체험 마을에 있는 동굴 속에 사는 박쥐를 구경하는 체험이다. 박쥐는 이솝이야기나 여러 가지 전
래되는 얘기들로 사람들이 나쁜 인식을 가지고 있는데 절대 그렇지 않다. 새 종류이면서 새
끼를 낳아 기르는 포유류이고 거꾸로 매달려 사는 귀한 동물이다. 올빼미처럼 야행성이니
그것도 특이하다. 박쥐체험은 연중 가능하다.

■ 숙박시설 및 길안내
생활관과 펜션이 있어 숙박이 가능하다. 민박은 운영되지 않고 있다.
예약 및 문의
이병근 011-9816-8639, 070-7723-8592

홈페이지 **www.bjvill.co.kr**

길끝에서 만나는 어메니티

최태하 가옥

보은군 삼승면 선곡리에 있는 조선시
대 양반가옥이다. 1892년 고종 29년
에 세운 집인데 안채의 대청 상량문에
'숭정기원후오임진(崇禎紀元後五壬
辰)' 에 완성되었다는 기록이 있어 정
확한 건축연대를 알 수 있다.

안채와 사랑채는 함께 조성된 것으로 보이고, 문간채·곳간채·헛간채는 뒤에 따로 세운 것으로 보인다. 안채는 一
자형의 6칸 앞뒤 툇집으로 서북향이며 낮은 죽담에 둘러싸여 있고 기둥칸살이 넓다. 사랑채는 一자형의 5칸 앞툇
집으로 홑처마 팔작지붕이다. 죽담도 낮은 편이고 툇마루도 낮게 설치되어 고상식 마루로는 낮은 편에 속하는 중부
지방의 평야지대에서 보기 드문 구조이다.

보은향교

보은군 보은읍 교사리에 있는 향교. 세종 때에 현유의 위패를 봉안, 배향하고 지방민의 교육과 교화를 위해 창건되
었다. 인조 이후 여러 차례 중건하고 보수하였으며, 현존하는 건물로는 대성전·명륜당 등이 있다.

명륜당은 1871년에 대원군의 서원철폐령으로 훼철하게 된 상현서원의 강당을 옮겨 지은 것으로, 정면 5칸, 측면 2칸
의 맞배지붕으로 된 목조와가이다.

대성전에는 5성(五聖), 10철(十哲), 송조4현(宋朝四賢), 우리나라 18현(十八賢)의 위패가 봉안되어 있다.

대청호

저수면적 72.8㎢, 호수길이 80km, 저수량 15억t으로, 한국에서 3번째 규모의 호수이다. 1980년 대청댐이 완공되면
서 조성되어 호수 위로 해발고도 200~300m의 야산과 수목이 펼쳐져 드라이브 코스로 잘 알려져 있다. 철새와 텃
새가 많이 날아들어 여름에는 상류에서 백로를 쉽게 볼 수 있다. 전망대에 오르면 주변 경관이 한눈에 내려다보이
며, 1998년에 개관한 물홍보관은 입체 영상관과 수족관 등을 갖추고 있다. 주위에 잔디광장이 있다.

금강
유역

그 이름만으로도 정감이 가는
깐치멀, 깐치멀

깐치멀마을 | 깐치유람길

어느새 찾아온 가을은 바야흐로 농부들의 계절. 이른 논에서는
벌써 추수가 한창이다. 지난 여름 열심히 땀 흘린 농부들이기에
수확의 기쁨은 그 무엇보다 달고 크리라, 하여 높고 푸른 가을
하늘은 온전히 농부들의 몫이다. 저 하늘을 우러러 얼마나 많은
땀과 눈물을 뿌렸던가. 가을 하늘이 높고 푸른 건 농부들의
염원이 담겨 있기 때문이다. 깐치멀의 들녘도 온통 황금물결로
넘실거리고 있다.

깐치유람길

깐치멀마을

＊전북 군산시 성산면 산곡리

그 이름만으로도 정감이 가는 깐치멀, 깐치멀

우리들의 어렸을 적/황토 벗은 고갯마을/할머니 등에 업혀/누
님과 난, 곧잘/파랑새 노랠 배웠다.//울타리마다 담쟁이넌출 익
어가고/밭머리에 수수모감 보일 때면/어디서라 없이 새 보는 소
리가 들린다.//우이여! 훠어이!//쇠방울소리 뿌리면서/순사의
자전거가 아득한 길을 사라지고/그럴 때면 우리들은 흙토방 아
래/가슴 두근거리며/노래 배워 주던 그 양품장수 할머닐 기다렸
다.//새야 새야 파랑새야/녹두밭에 앉지 마라./녹두꽃 떨어지
면/청포장수 울고 간다.

–신동엽 시인의 「금강(錦江)」 중에서

깐치멀이라는 말을 입안에서 굴려본다. 깐치멀, 깐치멀… 이번
에는 입 밖으로 소리 내어 읽어본다. 깐치멀, 깐치멀… 입안에
서 까치 한 마리가 푸드덕 날개를 펴고 날아오르는 것 같다. 입
이 가볍고 즐거워지니 운전대도 가볍다. 속도에 끌려가던 몸이
다시 속도를 조절하기 시작한다. 이렇듯 눈앞을 가리던 안개가

걷히면 작고 사소한 것에서도 위안을 받을 수 있는 것이 여행의 즐거움이리라. 깐치멀은 까치마을을 이르는 전라도 사투리라고 한다. 남도의 정겨운 사투리는 어감만으로도 마음을 푸근하게 감싸줘서 좋다.

정감어린 옛 이름을 지금까지 그대로 사용하고 있는 깐치멀마을에 대한 호기심이 자꾸 발걸음을 재촉한다. 서해안고속도로 군산IC로 나와 27번국도 익산방향으로 10여 분, 창밖으로 드넓은 평야가 스쳐지나갈 즈음 깐치멀마을이 눈에 보인다. 전형적인 농촌마을의 풍경이라고 해도 좋겠다. 들녘에 익어가는 곡식만 봐도 배가 불러온다. 금강하구가 지금처럼 정비되기 전엔 바다로 둘러싸여 있었다는 깐치멀마을은 육지 속에 떠있는 섬처럼 한적한 어촌이었다고 한다. 마을의 형상이 꼭 까치가 내려앉는 모습 같다고 하여 까치 작(鵲)자를 써서 작촌(鵲村)이라 불리기도 한단다.

어느새 찾아온 가을은 바야흐로 농부들의 계절. 이른 논에서는 벌써 추수가 한창이다. 지난 여름 열심히 땀 흘린 농부들이기에 수확의 기쁨은 그 무엇보다 달고 크리

그 이름만으로도 정감이 가는
깐치멀, 깐치멀

깐치멀마을

● 깐치유람길

라. 하여 높고 푸른 가을 하늘은 온전히 농부들의 몫이다. 저 하늘을 우러러 얼마나 많은 땀과 눈물을 뿌렸던가. 가을 하늘이 높고 푸른 건 농부들의 염원이 담겨 있기 때문이다. 깐치멀의 들녘도 온통 황금물결로 넘실거리고 있다. 하긴 금강의 비단처럼 맑은 물에 농부들의 땀방울이 더해졌으니 황금빛이 도는 건 당연할 터, 마을을 둘러보는 내내 나도 황금을 줍는 기분을 느낄 수 있어 좋았다. 하지만 이 기분을 무턱대고 만끽하기엔 저 고귀한 농부들의 땀방울에 비해 너무 가벼운 내 발자국의 무게를 자꾸 뒤돌아보게 된다.

구불길이라고 쓰인 벽화를 따라 마을길을 걷는다. 해발 200m 높이의 야트막한 오성산 정상에서 바라보는 금강의 물길은 위압적이다 못해 저절로 고개를 꺾게 만든다. 오성산을 끼고 상작마을과 작촌마을, 구작마을을 거쳐 웅포까지 가는 코스는 걷거나 자전거를 타고 가기에 참으로 좋은 길이다. 들녘을 가로질러 논배미를 걸어도 좋겠다. 논 한가운데 풍덩 몸을 던져도 좋을 만큼 매혹적인 가을 전원 풍경이 손짓

그 이름만으로도 정감이 가는
깐치멀, 깐치멀

깐치멀마을

● 깐치유람길

을 한다. 전원생활을 동경하는 사람에게 깐치멀은 가장 먼저 추천하고 싶은 마을이 될 수 있겠다.

저 멀리 금강철새조망대가 보인다. 군산 앞바다는 농경지, 갈대밭, 갯벌 등 새들이 서식하기에 좋은 천혜의 조건들을 두루 갖춘 새들의 낙원이다. 곧 겨울철새들이 몰려들 것이다. 마음먹고 욕심을 낸다면 철새도래지는 물론이고 새만금방조제까지도 그리 힘들이지 않고 갈 수 있겠다. 그런 점에서 깐치멀마을은 농촌체험과 여행 그리고 탐조까지 겸할 수 있는 조건을 갖추고 있는 셈이다. 또한 군산

여객터미널까지 불과 20~30분 거리라 섬 여행을 준비하는 사람들이 쉬어가기에도 좋겠다.

깐치멀마을은 전국 최초로 마을신문을 창간, 농사정보나 행정 등을 주민들과 함께 공유하고 있다. 또한 주민 모두가 농촌지도자라는 일념으로 발 벗고 나선 덕분에 지긋지긋한 가난에서 벗어날 수 있었다. 그 결과 2011년 〈농촌지도자 대통령 표창〉을 수상하기도 했다. '변화의 바람은 내부에 있다' 는 신념으로 공부하고 노력한 결과는 마을회관에 빽빽이 들어차있는 각종 수료증과 자격증만 봐도 알 수가 있다. 이 마을 특산품인 주박장아찌는 그 노력이 맺은 결실이라고. 삶의 질을 높이기 위한 깐치멀마을 사람들의 노력은 앞으로도 계속될 것으로 보인다. 그것이 바로 창조하는 농촌의 진정한 모습이기에…

깐치유람길 느리게 걷기 逍遙

● 연계 가능한 도보여행길 소개

》 군산구불길

- '구불길'은 이리저리 구부러지고 수풀이 우거진 길을 여유, 자유, 풍요를 느끼며 오랫동안 머무르고 싶은 이야기가 있는 군산도보여행 길을 뜻하며 군산시 주관으로 조성되었다.

- 구불길은 문학과 역사, 자연과 생태가 어우러진 비단강길(구불1길, 18.7km, 소요시간 333분), 역사와 문학의 재미를 느낄 수 있는 햇빛길(구불2길, 13.7km, 소요시간 260분), 풍요와 낭만을 느낄 수 있는 큰들길(구불3길, 17km, 소요시간 303분), 생태탐방의 명소인 구슬뫼길(구불4길, 18.8km, 소요시간 360분), 여유를 만날 수 있는 물빛길(구불5길, 18km, 소요시간 335분), 금강과 서해바다가 한눈에 들어오는 달밝음길(구불6길, 15.5km, 소요시간 273분), 근대문화유산을 탐방할 수 있는 탁류길(구불6-1길, 7.8km, 소요시간 130분), 등산로와 해변이 조화를 이루는 새만금길(구불7길, 37.5km, 소요시간 630분)로 총 8구간으로 이루어져 있다.

- 구불2길인 햇빛길과 구불3길인 큰들길의 종점과 시점이 깐치멀마을 체험관이다.

● 그린로드 코스 소개

》 깐치유람길

- 그린로드인 깐치유람길은 까치형상을 닮아 지어진 마을을 두르며 마을을 느끼고 체험할 수 있는 길이다.

- A구간인 깐치멀체험길은 농촌체험교육농장 옆 표주박덩굴 입구를 지나 농로를 따라 진행하게 되는데 수로의 우렁이를 체험할 수 있다. 농로의 끝에는 친환경하우스단지가 위치해 있으며 재배되는 시설의 작물을 감상할 수 있다. 친환경하우스단지를 지나 구불2길을 따라 진행하다 외작마을 바깥쪽 길을 따라 걸어 작은 사거리에서 우측에 위치한 신축된 회관에 이른다. 회관을 지나 삼거리에서 우측 논 옆길을 따라 구불2길과 만나고 구불2길을 따라 체험관에 도착한다.

- B구간인 고봉산트래킹 코스는 체험관에서 출발하여 구불3길을 따라 진행한다. 구불길의 이정표가 있는 삼거리에서 좌측의 계단식 논이 펼쳐진 길을 따라 한적한 저수지에 이른다. 저수지를 지나 오르다보면 삼거리가 나오는데 우측의 고봉산 방향으로 계속하여 올라간다. 고봉산 정상에 오르기 전에 두 곳의 전망 포인트에서 군산시내 인근을 조망할 수 있다. 고봉산에 오르기 전 삼거리에서 구불길 이정표를 따라 고봉산 정상에 이른다. 정상에서 좌측의 구불길을 따라 내려가면 산길을 나오게 되는데 다리를 건너기 전에 우측으로 다시 구불길이 이어진다. 길을 따라 내려오면 마을길로 이어지고 산곡경로당을 지나 깐치멀마을 입구에 이르러 체험관에 도착한다.

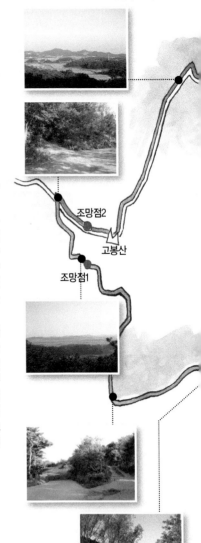

깐치멀마을 찾아가는 길

깐치유람길 총 코스

거리 : 약 10.2km
총 소요시간 : 약 2시간 40분

기존길사업구간(지자체 : 군산 구불길)
A(깐치멀체험길)코스
B(고봉산트래킹)코스

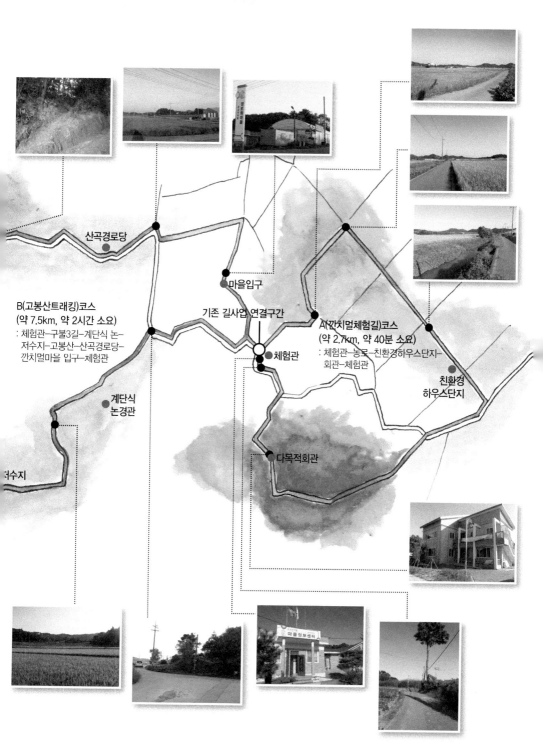

산곡경로당

마을입구

기존 길사업 연결구간

B(고봉산트래킹)코스
(약 7.5km, 약 2시간 소요)
: 체험관–구불3길–계단식 논–
저수지–고봉산–산곡경로당–
깐치멀마을 입구–제험관

체험관

A(깐치멀체험길)코스
(약 2.7km, 약 40분 소요)
: 체험관–농로–친환경하우스단지–
회관–체험관

친환경
하우스단지

계단식
논경관

저수지

다목적회관

깐치멀마을에 가면...

● 깐치유람길

봄

Spring

단호박 찐빵 만들기, 떡 만들기, 두부 만들기

찐빵을 싫어하는 사람은 드물 것이다. 특히 겨울에 먹는 찐빵은 따뜻하고 달콤한 것이 아주 좋다. 요즘은 이 찐빵이 여러 가지 다양한 종류들로 나오고 있다. 깐치멀마을에서는 단호박찐빵 만들기 체험을 할 수 있다. 단호박은 호박 가운데 전분과 미네랄·비타민 등의 함량이 많고 맛도 좋다. 이런 체험 현장에서는 찐빵의 모양도 다르게 만들어 보는 것도 재미가 있을 것이다.

달걀꾸러미를 만들어 보는 짚풀공예 체험은 별것 작지만 생활의 지혜를 느낄 수 있는 체험이다. 달걀은 깨지기가 쉬워 이동할 때 상당히 어려움을 겪는데 짚으로 만든 달걀 꾸러미는 보기에는 위험해보이지만 편리하고 안전하게 달걀을 옮길 수 있다. 선조들의 생활의 지혜도 배우고 그것을 응용해 생활의 지혜를 만들어 낼 수도 있는 체험이다.

여름 물놀이체험, 단호박 찐빵 만들기, 포도 따기,
떡 만들기, 두부 만들기

여름에는 물놀이만큼 좋은 게 없을 것이다. 깐치멀마을은 물놀이 시
설이 있어 여름에 방문하면 체험프로그램과 함께 물놀이를 즐길 수
있다. 두부 만들기나 떡 만들기는 단체체험만 가능해 조금 아쉬움
이 있지만, 신나게 물놀이를 하고 두부 만들기를 해 그 두부를 먹어
본다면 아이들은 아마 앞으로 두부만 먹겠다고 할지 모른다. 그런데
아쉽게도 도시에서는 그런 두부를 살 수가 없다. 이런 먹거리 체험
을 해보면 도시아이들이 왜 인스턴트 음식을 찾게 되는지 알 수 있
다. 두부든 찐빵이든 떡이든 이렇게 맛난 걸 준다면 안 먹을 아이가
어디 있겠는가. 포도따기 체험도 있고 청외나 가지 등 농산물 체험
이 풍부하게 있고 민속놀이 체험도 해볼 수 있다.

가을
Autumn

주박장아찌 담그기, 포도 따기, 떡 만들기, 두부 만들기

청외 체험은 참외의 한 종류인 청외를 따는 체험과 이 청외를 장아찌로 담그는 체험을 하는 것이다. 장아찌를 만드는 방식이 여러 가지 있는데 우리나라에서는 보통 간장으로 하는 방식, 된장으로 하는 방식이 있고 이곳에서 체험하는 주박을 이용해 만드는 방식은 일본식이다. 이 방식은 절임과 발효 방식이 혼합된 것이라 볼 수 있다. 그리고 주박을 이용한 절임은 일반적으로 체험해보기 어려운 것이다. 왜냐하면 주박을 구하기가 쉽지 않기 때문이다. 그러니 특별한 체험이라 할 수 있겠다. 주박장아찌를 담그고 그것을 가져가 반찬으로 먹을 수 있는 체험이라 일석이조다.

Tip
청외

깐치멀 마을의 특산물이다. 큰참외라고도 하는데 박과에 속하는 한해살이 덩굴식물로 주로 한국, 중국, 일본, 동남아시아, 인도 등지에서 재배되고 있는데 습윤한 기후에서 적응하였기 때문에 병해에는 참외나 메론보다 강하고, 덩굴과 잎자루에 자모가 있으며, 잎은 오이 잎과 같으나 깊게 갈라지는 것과 갈라지지 않는 것 그리고 중간형 등이 있다. 열매는 달거나 향기가 없어 과일로서 먹지 않고 미숙한 것을 오이와 무처럼 장아찌를 담거나 잘라서 말렸다가 식용으로 한다.

Tip	매년 4월 경에 전주와 군산간 40킬로미터 구간의 전군도로 벚꽃 백리 길은 1975년도에 전군
군산	간 2차선 도로를 4차선으로 확장할 당시 벚나무를 심어 조성되었다.
벚꽃축제	벚꽃이 피는 시기에 맞추어 열리는 벚꽃 축제는 아름다운 꽃길이 마치 봄으로 향하는 터널처
	럼 끝없이 이어져 있다. 그 터널에 들어선 순간 오히려 꽃에 취해 계절을 잃어버리고 만다.

Tip	주박은 정종을 생산하는 과정에서 나오는 부산물 중에 하나이다. 지게미라고도 부르는데 두
주박	부를 만들면서 남은 부산물인 비지 같은 것이라 생각하면 되겠다. 물론 비지처럼 음식으로
	사용하지는 않는다. 주박의 주원료는 쌀로써 쌀에 발효 효소를 첨가하여 정종을 생산히는데
	그 원리는 발효효소로 인해서 술이 생성되고 그 속에서 쌀이 발효하게 되는 것으로 주박에
	는 미생물들과 함께 쌀이 발효되는 효과가 있는 기능을 가진 것이라고 볼 수 있다.
	주박이 피부에 좋은 효과가 있다는 말이 있다.

Tip	깐치멀 마을은 포도나무와 토마토를 분양하고 있다. 나무를 분양받아 관리해 수확시기에 수
주말농장	확해가는 방식이다. 작물이 크는 것을 관찰할 수도 있고 농사 체험도 되고 내가 키운 과실을
	먹을 수 있는 기회이기도 하다.
	또 밭을 분양하기도 하는데 일반적인 주말농장처럼 옥수수, 오이, 토마토, 감자 등 여러 가지
	작물을 심어 재배하고 수확해갈 수 있다.

■ **숙박시설 및 길안내**

민박집이 약15곳 운영되고 있다.

예약 및 문의
이헌익 010-6608-7758, 063-453-6186

홈페이지 **www.bird.invil.org**

길끝에서 만나는 어메니티

:: 시마타니 금고

군산시 개정면 발산리에 있는
시마타니금고는 일제 강점기 군산
지역의 대표 농장주였던 시마타니 야
소야가 1920년대에 지은 금고용 건물
이다. 시마타니는 우리나라의 문화재에
관심을 가지고 발산리 석등과 오층석탑
을 비롯한 수많은 예술품을 불법 수집하
였던 인물이다. 이 건물은 시마타니가 수
집한 골동품을 보관하던 장소였다. 건물은
3층의 콘크리트 건물로 입구에는 철제 금고
문이 달려 있고, 창문은 쇠창살과 철판으로 이중 장금 장치가 되어 있다.

:: 채만식문학관

채만식문학관은 재향 소설가 백릉 채만식 선생의 문학 업적을 기리기 위해 건립되었다.
금강 변에 자리한 160평 규모의 문학관은 정박한 배의 모습을 하고 있는데, 채만식 선생의 삶의 여정과 작품을 접할
수 있다. 2층 건물로, 1층에는 전시실과 자료실이 있는데 파노라마식으로 채만식 선생의 삶의 여정을 따라갈 수 있
다. 2층 영상세미나실에서는 채만식 선생의 일대기를 관람할 수 있고, 문학 강좌나 세미나가 연중 열린다.

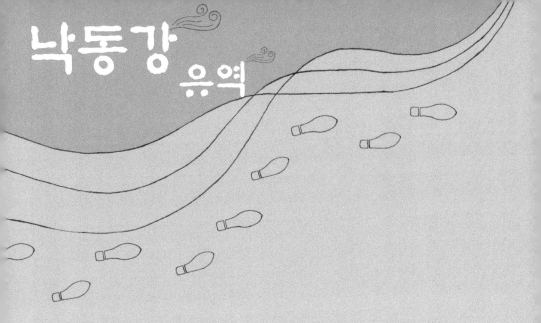

낙동강 유역

한 폭의 동양화 속에 들어앉은
저우리마을

저우리테마마을 | 하회저우리체험길

강바람에 묻어오는 소나무 향기에 머리가 맑아진다. 마을을 에워싸듯 심어진 소나무 숲으로 발걸음을 옮긴다. 족히 몇 백 년은 됐음직한 소나무들이 마을을 굽어보고 있다. 오래된 소나무 숲에 들어서면 이상하게 마음이 경건해진다. 그건 소나무가 우리네 정서와 함께한 신령스런 존재이기 때문이리라. 이 소나무 숲은 서애 유성룡 선생이 제자들과 함께 심은 것으로 알려져 있다. 아마 강가에 심은 것으로 보아 방풍림의 목적이 아니었나 싶다.

저우리테마마을

＊경북 안동시 풍천면 광덕리

한 폭의 동양화 속에 들어앉은 저우리마을

솔안, 저우리, 앞개, 광디이, 건잣, 안심이, 심못골, 섬마, 솔미…

입안에 넣고 굴려보면 저절로 구수한 맛이 우러나는 이 정감어린 말들은 모두 옛 지명들이다. 비록 뜻은 잘 모르지만 이렇게 아름답고 고운 이름으로 불리는 마을이 있다는 것을 나는 안동 하회(河回)에 와서 알았다.

낙동강 물줄기가 하회마을을 휘감아 돈 후 화천서원 앞에서 다시 방향을 틀어 용틀임을 한다. 물이 돌고 돈다는 하회의 진면목을 보려면 부용대(芙蓉臺)에 오르라고 했던가. 태백산맥의 맨 끝에 홀로 외롭게 떨어져 있는 약 60여m 높이의 절벽, 소나무 숲에 둘러싸인 부용대에 가려면 강 건너 저우리마을을 지나야 한다. 하회(河回)와 화천(花川) 사이에서 소용돌이치던 강물이 잠시 숨을 고르는 강변. 그 곁에 한 폭의 동양화 속에 들어앉은 듯한 마을이 있다. '하회와 하회의 맞은편 형호(저우리)가 저울처럼 중심의 끝에 매달려 있다'는 뜻의 저우리마을. 평화로운 강변마을의 풍경과 생활이 고스란히 살아있는 저우리마을 속으로 들어가 본다.

쉬쉬쉬… 두런거리는 갈대와 수초들, 강변 모래알들이 뱉어내는 옹알이를 듣는다. 강물 위에 떠있는 윤슬의 반짝임이 눈을 가득 채운다. 미루나무 너머로 S자로 흘러가는 강의 모습이 그리운 첫사랑의 뒤태를 닮았다. 함께 강변 살자던 약속도, 청춘도 다 흘러가버리고 그리움만 남아 마음을 적신다. 물결 위에 그리운 사람에게 편지를 써 띄워 보낸다. 이 아름다운 강변에 혼자라는 건 지독한 형벌이다. 소월의 노래를 중얼거리며 잠시나마 위안을 삼는다. 엄마야 누나야 강변 살자/뜰에는 반짝이는 금모래 빛/뒷문 밖에는 갈잎의 노래/엄마야 누나야 강변 살자

한 폭의 동양화 속에 들어앉은 저우리마을

저우리테마마을

● 하회저우리체험길

버드나무 강가에 앉아
물결 하나 접어
그대에게 편지를 쓰네

강물 속에는
글자처럼 몰려다니는
은빛 송사리 떼

머릿속에는
송사리 떼처럼 몰려다니는
그대 생각

물결 하나 접어
그대에게
짧은 편지를 쓰네

　　　　　　　　-고영 「물결편지」

강바람에 묻어오는 소나무 향기에 머리가 맑아진다. 마을을 에워싸듯 심어진 소나무 숲으로 발걸음을 옮긴다. 족히 몇 백 년은 됐음직한 소나무들이 마을을 굽어보고 있다. 오래된 소나무 숲에 들어서면 이상하게 마음이 경건해진다. 그건 소나무가 우리

네 정서와 함께한 신령스런 존재이기 때문이리라. 이 소나무 숲은 서애 유성룡 선생이 제자들과 함께 심은 것으로 알려져 있다. 아마 강가에 심은 것으로 보아 방풍림의 목적이 아니었나 싶다. 선인의 지혜로 심은 나무가 오늘날 이 마을의 상징물이 될 줄 누가 알았으랴. 선인의 그 놀라운 혜안이 새삼 감탄스러울 따름이다.

소나무 숲 뒤로 미술체험관이라는 예쁘장한 건물이 보인다. 그러고 보니 이 마을엔 특이한 체험관이 많다. 황토염색체험관, 사군자체험관, 야생화체험관, 국궁(활) 체험장

등 다른 마을에서는 볼 수 없는 특화된 체험 프로그램을 즐길 수 있다고 한다. 그중에서도 사군자 체험이 가장 인기가 있다고 한다. 사군자를 치며 선비의 정신과 인품까지도 배울 수 있다고 하니 체험뿐만이 아닌 교육의 장으로서도 손색이 없겠다. '정신문화의 수도'라고 자부하는 안동, 거기다 풍산 류씨의 집성촌답게 전통문화를 제대로 지키고 전수하기 위한 이곳 주민들의 노력을 엿볼 수 있다.

마을 한가운데 있는 황토염색체험관에선 황토로 만든 흙벽돌이 말라가고 있다. 1999년 폐교된 광덕초등학교를 임대, 개조해 만들었다고 하는 이곳에서는 황토를 이용한 염색과 황토 집짓기 등 다양한 볼거리를 체험할 수 있다. 폐교된 학교에서 정규 교육 과정에선 배울 수 없는 것들을 경험할 수 있다고 하니 얼마나 다행한 일인가. 참으로 현명한 선택이 아닐 수 없다. 학교 옆에 붙어있는 마을회관은 지금 한창 공사가 진행 중이다. 2009년 유치한 태극권역종합개발사업을 추진하면서 저우리마을은 새롭게 변모하고 있다. 이 사업이 계획대로 진행이 된다면 어쩌면 하회마을과 버금갈 정도로 유명해질지도 모를 일이다.

저우리에 가면 강이 삶이고 강이 텃밭인 사람들을 만날 수 있다. 푸른 들판에선 오곡백과가 익어가고 하우스 안에선 향긋한 멜론이 손길을 기다린다. 강을 닮아 마음마저 넉넉한 사람들의 미소가 흐르는 곳, 저우리는 물소리와 소나무 향기만으로도 마음을 씻을 수 있는 아름다운 강변마을이다. 혹여 하회에 가거든 세계문화유산보다 더 귀하고 빛나는 사람들을 만나러 저우리에 가볼 일이다. 그곳에 가서 세찬 물소리에 귀를 씻고, 강물 위에 몇 평 텃밭을 만들어볼 일이다.

하회저우리체험길 느리게 걷기 逍遙

● 연계 가능한 도보여행길 소개

≫ 유교문화길

- 2010년 문화체육관광부에서 선정한 문화생태탐방로인 '유교문화길'은 사람의 손으로 만든 건물이 자연을 거스르지 않은 채로 조화로운 풍경을 만들어 낸 선현들의 지혜와 마음을 만날 수 있는 길, 효심 깊은 효자이야기, 우애 깊은 형제이야기, 위기의 나라를 구했던 선조들의 이야기 등 가는 길목마다 아름다운 이야기가 숨어 있는 길로 다양한 삶들이 서려 있는 길이다.

- 1코스 풍산길은 낙암출발점→생태학습관→낙강정→오미봉→마애석불→우렁골(예안이씨충효당)→체화정→풍산한지에 이르며 거리 14.5km, 소요시간은 3시간~4시간 30분이다. 2코스 하회마을길은 안동한지→소산마을(삼구정)→병산서원→만송정→하회마을장터→현회삼거리(안내센터)에 이르며 거리 13.7km, 소요시간은 3시간~4시간이다. 3코스 구담습지길은 현회삼거리→작은고개당→파산정→광덕교→부용대→겸암갈림길→저우리→섬마을→구담교에 이르며 거리 10.6km, 소요시간은 2시간 30분~3시간 30분이다. 안동 유교문화길 총 구간은 38.8km, 소요시간은 8~12시간이다.

- '유교문화길' 중 3코스(구담습지길)가 저우리테마마을을 지난다.

● 그린로드 코스 소개

≫ 하회저우리체험길

- 그린로드인 하회저우리체험길은 휘감아 흐르는 낙동강과 화천서원, 겸암정 등 전통자원과 부용대에서 바라보는 하회마을 전경, 저우리테마마을의 독특한 체험, 그리고 강변 둑방길을 따라 거니는 다채로움이 숨어있는 길이다. 코스는 사군자체험관, 야외체험장의 입구에 세워진 돌로 된 이정표에서부터 시작된다. 이정표를 따라 화천서원으로 향한다. 화천서원 우측 부용대 이정표를 따라 흙길과 숲이 어우러진 산책로를 걸어 부용대에 다다르면 하회마을의 전경을 볼 수 있다. 부용대에서 겸암정사로 향한다. 겸암정을 둘러보고 계속하여 길을 따라 내려오면 삼거리에 유교문화길 표지판이 세워져 있고 표지판 방향으로 길을 이어간다.

- 광덕삼거리에서 기산리 방향으로 가다보면 삼거리(신평.구담·풍산) 바로 전 우측의 건물을 끼고 농로를 따라 걷는다. 첫 농로 삼거리에서 좌측으로 붉은색 벽돌 건물이 있는 두 번째 농로 삼거리에서 다시 좌측으로 길을 따라 저우리로 접어든다. 마을과 접하는 길에서 우측으로 가다보면 마을창고 부근의 은행나무를 따라 솔숲으로 들어간다. 솔숲 부근에는 도농교류센터와 저우리미술체험관이 있어 체험 및 편의시설을 이용할 수 있을 것이다. 솔숲을 지나 낙동강변 둑방길을 따라 야영장 가기 직전에 우측의 돌 기둥 사잇길을 걸으면 사군자체험관에 도착을 한다. 사군자체험은 항시 이루어지며 체험관 옆 야외체험장에서는 야생화, 분재체험을 할 수 있다.

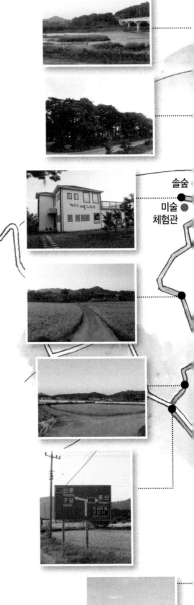

솔숲

미술 ● 체험관

저우리 테마마을 찾아가는 길

중앙고속도로
(원주~서울)

예천, 문경 ─────────── 안동

풍양, 구담

청과물 도매시장 ○

○ 서안동 IC

저우리 테마마을

낙동강

대구

하회저우리체험길 총 코스

거리 : 약 4.1km

총 소요시간 : 약 1시간

☐ 기존길사업구간(문광부 : 유교문화길)
━━ 하회저우리체험길코스

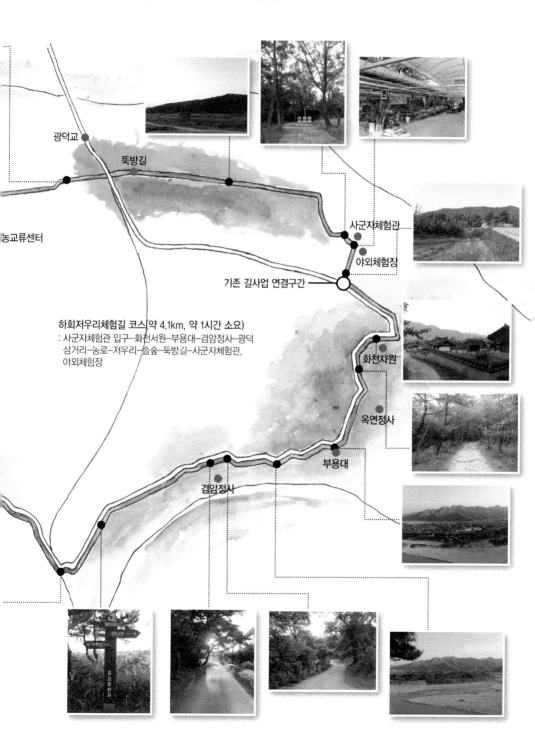

광덕교

뚝방길

농교류센터

사군자체험관

야외체험장

기존 길사업 연결구간

하회저우리체험길 코스(약 4.1km, 약 1시간 소요)
: 사군자체험관 입구–화천서원–부용대–겸암정사–광덕
  심거리–농로–저우리–솔숲–뚝방길–사군자체험관,
  야외체험장

화천서원

옥연정사

부용대

겸암정사

저우리테마마을에 가면…

● 하회저우리체험길

봄

Spring

딸기따기, 모내기체험

요즘은 과일들이 계절 구분 없이 나오기는 하지만 봄에는 역시 딸기가 제격이다. 그것도 밭에 가서 잘 익은 딸기를 따 먹는다면 그 맛은 봄을 먹는 맛이 될 것이다. 더불어 잼 만들기와 주스 만들기도 하기 때문에 다양한 체험 행사를 할 수 있다. 또 딸기라는 작물에 대한 공부를 해보면 더 재미있을 것이다. 사실 모내기는 정말 힘든 일이다. 요즘은 기계로 하기 때문에 대규모 모내기를 수 작업하는 경우는 없지만 왼 종일 허리를 굽혀 일해야 하는 것이라 정말 힘든 일이었다. 잠시 체험을 통해서 해보지만 힘들 것이다. 그러나 이런 힘든 일도 해봐야 정신적으로 육체적으로 건강해질 수 있다.

Tip
사군자체험관

저우리 테마마을은 사군자 그리기를 체험할 수 있는 체험관이 있다. 체험관은 40명이 동시에 붓으로 한지에 매화, 난초, 국화, 대나무를 그려보는 체험을 할 수 있는 교육장이다.
사군자를 붓으로 그리는 작업 자체가 어렵기도 하지만 어린 학생들에게 동시에 지도하는 것은 더 어렵다. 저우리 테마마을에서는 전통 체험 개발을 고민 해 오던 중 사람들이 벼루와 먹, 붓을 친숙하게 접할 수 있는 기회를 제공하기 위해 체험관을 만들고 사계절 운영하고 있다.

여름 모래조각, 멜론따기 체험, 토마토따기 체험, 나룻배타기

저우리테마마을은 바로 낙동강가에 인접한 강모래가 쌓이는 마을이다. 모래밭에 나가 모래조각을 하고 논다면 그야말로 도시에서 느낄 수 없는 체험일 것이다. 강모래는 해변모래와 다르다. 불어오는 바람도 적당하고 뒤쪽 숲도 아늑하다. 그 미루나무 숲에서 귀가 따갑도록 울어대는 매미소리는 어느 음악보다 멋지다. 멜론은 아주 달콤한 과일이다. 과일이 크기는 하지만 매달려 키운다. 묵직한 멜론을 따는 맛이 마치 낚시로 월척을 잡은 기분이 들것이다. 토마토는 몸에 좋은 과일로 정평이 나있으니 특히 어린아이들은 많이 많이 먹었으면 좋겠다. 이곳에서 나룻배를 타면 안동하회마을로 간다. 배를 타고 다른 마을로 간다는 색다른 경험을 해볼 수 있다.

Tip
황토학교체험장

연중 체험이 가능하다. 황토벽돌 만들기와 황토염색, 머드팩을 체험해 볼 수 있다. 황토는 우리 몸에 좋기 때문에 많이들 찾는다. 벽돌 만들기는 벽돌에 그림을 그려 넣거나 문양을 그려 넣어 예쁜 벽돌을 만들어 보는 것도 재미있을 것이다. 황토염색은 황토흙으로 염색을 하는 것인데 천에 흙물을 곱게 들이며 아주 멋지게 염색되는데 보기에도 좋고 건강에도 이로운 것이다. 머드팩은 피부에 좋은 황토 머드팩을 만들어 사용해 보는 것이니 미인으로 되 돌아갈 수 있다.

가을
Autumn

고구마캐기, 땅콩캐기, 메뚜기 잡기, 허수아비만들기, 벼따기

땅콩은 모래흙에 잘 자라는데 그래서 캐기도 쉽다. 흙속에서 자라는 열매 중에 껍질이 있는 것은 땅콩뿐이 아닐까 싶다. 모양도 귀여워 신기하기 그지없는 열매이다. 꼭 체험을 권장하고 싶은 것이기도 하다. 뿌리 채 쑥 뽑아 올렸을 때 주렁주렁 달려 있는 땅콩들. 그리고 생으로 한번 먹어보기 바란다.

Tip **미술체험관**	연중 가능한 체험들이다. 체험관에서는 민화체험, 판화체험, 고무신페인팅, 도자기 체험 등이 이루어지고 있다. 체험관이 아늑한 솔숲에 자리 잡고 있어 체험을 하는 분위기도 아주 좋다. 민화는 우리 그림인데 우리 정서가 잘 담겨진 느낌을 주는 그림이다. 그림을 좀 못 그려도 괜찮은 여유와 풍자가 있는 그림이라 누구든지 한번 그려보면 매력에 빠질 수 있을 것이다. 민화와 마찬가지로 판화도 그림을 찍어내면 아주 친근감을 준다. 마찬가지로 그림을 좀 못 그려도 판화 특유의 맛이 도와주기 때문에 아주 만족스러울 것이다.
국궁체험장	우리가 요즘 보는 것은 양궁인데 국궁체험은 우리 활을 쏴보는 체험이다. 양궁이 스포츠이듯이 활이 무기이기는 하지만 활을 쏘는데는 육체적인 힘과 집중력이 필요한 정신력이 요구되는 체험이기 때문에 스포츠가 되는 것이다. 특히 국궁은 정신적인 문제를 중요하게 생각한다.

■ 숙박시설 및 길안내

저우리 마을에서는 고택이나 초가집 외 일반 농가에서 민박을 할 수 있다. 특히 민박집에서 안동칼국수를 대접하는 집도 있으니 아주 좋다.

예약 및 문의
류훈철 010-507-3611

홈페이지 www.feelandong.co.kr

겨울　　딸기 따기, 연날리기, 송편만들기, 안동식혜 만들기, 김치만들기

안동식혜는 다른 지방 식혜와 좀 다르다. 일반적으로 식혜는 밥을 엿기름으로 당화시켜 단맛이 나고 밥알이 동동 뜨게 해 만드는 음료 음식이다. 그러나 안동식혜는 멥쌀이나 찹쌀밥에 나박 썰은 무와 고춧가루, 생강 등의 향신료를 섞어 엿기름에 버무려 3~4시간 발효하는 방식으로 만든다. 안동식혜 맛이 시원하면서도 맵고 칼칼하며 소화에 도움을 주므로 잔치 때는 물론 평소에도 많이 만들어 먹는다. 체험을 하면서 만드는 방법을 익혀 간다면 저절로 좋은 음식 만들기를 하나 배워 가게 된다.

Tip
도농교류센터

연중 체험이 가능하다. 메주만들기, 참기름짜기, 김치만들기, 송편만들기, 안동식혜만들기 등의 체험 항목이 있는데 메주만들기나 참기름 짜기 같은 것은 우리의 전통 음식이지만 그저 사먹고 말기 때문에 이곳에서 잘 배워 전통 기술을 잊지 않고 사용했으면 좋겠다.

야생화체험장

이곳에서는 야생화분만들기, 분재만들기, 짚풀공예 등의 체험을 할 수 있다. 야생화분만들기나 분재만들기는 우리 꽃의 아름다움을 볼 수 있고 그것을 키움으로써 더욱 소중하게 생각하는 계기가 될 수 있는 체험이다.

길끝에서 만나는
어메니티

:: 봉정사

안동시 서후면에 있는 봉정사는 신라시
대 의상의 제자인 능인에 의하여 창건되었다. 10개 동에 이르는 불당과 동서 양쪽에 있는 암자 2채를 포함하여 9동
의 건축물이 있는 안동에서는 가장 큰 사찰이다.

봉정사에는 국보 제15호인 극락전, 국보 제311호인 대웅전, 보물 제1614호 후불벽화, 보물 제1620호 목조관세음보살
좌상, 보물 제 448호인 화엄강당, 보물 제449호인 고금당, 덕휘루, 무량해회, 삼성각 및 삼층석탑과 부속암자로 영산
암과 지조암 중암이 있다. 특히 고려의 건물로 주심포집인 극락전과 조선시대의 건물인 다포집인 대웅전이 나란히
있어 고건물연구에 큰 도움이 되고 있다.

:: 도산서원

안동시 도산면에 있는 도산서원은 퇴계 이황의 학문과 덕행을 기리고 추모하기 위해 1574년에 지어진 서원이다. 서
원의 건축물들은 전체적으로 간결, 검소하게 꾸며졌으며 퇴계의 품격과 학문을 공부하는 선비의 자세를 잘 반영하
고 있다.

도산서원은 건축물 구성면으로 볼 때 퇴계선생이 몸소 거처하면서 제자들을 가르치던 도산서당과 퇴계선생 사후 건
립되어 추증된 도산사당으로 이루어져 있다. 해서 도산서원은 퇴계선생 사후 6년 뒤인 1576년에 완공되었다.

도산서원은 주교육시설을 중심으로 배향공간과 부속건물로 이루어져 있다. 전체 교육시설은 출입문인 진도문과 중
앙의 전교당을 기준으로 좌.우 대칭으로 배열되어 있다.

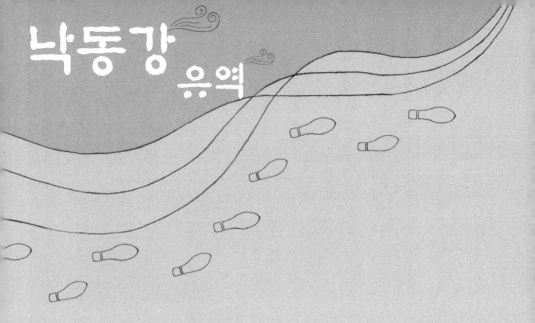

낙동강 유역

싸락눈 같은 이팝나무 꽃길을 따라

평리 녹색체험마을 | 평리 대추나무체험길

이팝나무 꽃이 피는 오월이면 가보고 싶은 마을이 있다. 싸락눈 같은, 싸락눈 같은 이팝나무가 어서 오라 손을 흔드는 밀양시 단장면 평리마을이다. 마을 입구에서부터 좌우로 길게 늘어선 이팝나무 가로수길을 걷노라면 마음속에 가라앉은 근심 한 근쯤 거뜬히 내려놓아도 좋을 것 같다. 누구일까, 보고만 있어도 배가 부를 것 같은 이 꽃나무를 처음 심은 이는. 평리마을에서는 매년 오월이 되면 밀양아리랑제와 때를 맞춰 이팝꽃축제를 연다.

평리대추나무체험길
평리 녹색체험마을

*경남 밀양시 단장면 고례리

싸락눈 같은 이팝나무 꽃길을 따라

산명수려(山明水麗)하고 계류(溪流)와 전답(田畓)이 아름다우며 기암절벽이 마치 옥(玉) 기둥을 세워놓은 듯 깨끗한 인세(人世)의 진경(眞境)이라 한 기록이 있거니와 고사천(姑射川) 상류(上流) 맑은 계류(溪流)가에 있는 농암대(籠岩臺)는 그 대표적인 명승지라 할 수 있다.

－평리녹색체험마을 홈페이지에서

이팝나무 꽃이 피는 오월이면 가보고 싶은 마을이 있다. 싸락눈 같은, 싸락눈 같은 이팝나무가 어서 오라 손을 흔드는 밀양시 단장면 평리마을이다. 마을 입구에서부터 좌우로 길게 늘어선 이팝나무 가로수길을 걷노라면 마음속에 가라앉은 근심 한 근쯤 거뜬히 내려놓아도 좋을 것 같다. 누구일까. 보고만 있어도 배가 부를 것 같은 이 꽃나무를 처음 심은 이는. 평리마을에서는 매년 오월이 되면 밀양아랑제와 때를 맞춰 이팝꽃축제를 연다. 나무 전체가 하얀 꽃으로 덮이면 흰 쌀밥을 수북하게 담아 놓은 듯한

모양이어서 이밥나무라고 불리던 이팝나무. 옛날 선조들은 농사짓기 전 이팝나무 앞에서 치성을 드리고 이팝나무 꽃으로 그해 농사의 풍년과 흉년을 살폈다고 한다.

'영남의 알프스'라고 불리는 향로산과 백마산 줄기에 터를 잡은 평리마을은 고라니, 멧돼지, 뻐꾹새, 두견새 등 다양한 동물이 수시로 목격돼 일찍이 생태계 보고로 알려져 왔다. 또한 마을 앞에 흐르는 고사천은 물이 차고 맑아 쉬리, 꺽지, 버들치, 메기 등 1급수에 사는 어종은 물론 간혹 수달도 볼 수 있다. 특히 밤이 되면 반딧불이 펼치는 화려한 불꽃축제에 빠져드는 황홀경을 느낄 수 있다. 이 때문에 휴가철이 되면 농촌체험과 피서를 즐기기 위해 가까운 부산, 대구는 물론 멀리 서울에서도 찾는 이가 늘고 있다.

평리마을은 4개의 자연부락으로 구성되어 있다. 먼저 바드리부락은 450m 고원에 위치해 여름에도 모기가 없을 정도로 서늘하다고 한다. 풍유부락은 고풍스런 돌담

싸락눈 같은 이팝나무 꽃길을 따라
평리 녹색체험마을

● 평리대추나무체험길

집들이 시선을 사로잡을 만큼 아름다움을 간직하고 있다. 평리마을은 평지에 있다
하여 붙여진 중심 부락이고 모래밭 부락은 밀양댐 수몰지역 주민들의 집단 이주지
로 넓은 잔디밭과 예쁜 꽃들이 만발한 곳이다. 4개의 부락이 연결된 길을 따라 오
르다보면 밀양댐이 보이고 그 안에 여의주처럼 빛나는 밀양호가 담겨 있다.

밀양은 예로부터 대추의 고장으로 유명하다. 일교차가 크고 배수가 잘 돼 과실이
여문데다가 당도가 높아 지난 300여 년간 전국 제일의 대추 생산지로 이름이 나
있다. 그런 도시답게 이곳 평리마을도 대추가 주작목이다. 마을 앞 고사천을 좌우
로 끼고 들어선 대추밭에선 지금 대추가 한창 무르익고 있다. 대추알들이 굵고 튼
실하다. 알알이 익어가는 게 어디 대추뿐이랴. 가을의 문턱에 들어선 과실수마다
탐스러운 열매들을 매달고 있다. 바드리부락 고랭지사과는 맛이 좋기로 정평이 나

싸락눈 같은 이팝나무
꽃길을 따라
평리 녹색체험마을

● 평리대추나무체험길

있고 단감도 **빼놓을** 수 없는 주요 작물이다.

고사천을 흐르는 청아한 물소리에 귀를 씻는다. 앞산 벼락더미에서 굴러 떨어진 거대한 바위가 신선처럼 고사천을 지키고 섰다. 그 벼락바위 아래 누군가 치성을 드렸는지 작은 촛불이 켜져 있다. 염원이 간절할수록 언젠가는 통하리라. 반드시 통하고 말리라. 문득 물 위에 비친 내 얼굴이 낯설게 느껴지는 건 내가 아직 물의 발자국을 가지지 못했기 때문이리라. 물처럼 살고자 했지만 나는 아직 물 위를 떠도는 소금쟁이에 불과할 뿐이다.

농촌체험관으로 발길을 돌린다. 평리마을이 체험과 어메니티를 중심으로 하는 농촌마을로 발전하게 된 계기는 단순히 대추농사만으로는 잘사는 마을을 만들 수 없다는 주민들의 위기의식 때문이었단다. 해서 천혜의 자연조건을 살린 팜스테이 민박을 시작했고 그것이 계기가 되어 오늘날 손꼽히는 녹색체험마을로 자리를 잡게 되었다. 이 마을의 특징은 농촌에서 할 수 있는 4가지 유형의 대표체험 즉, 자연생태체험과 농촌음식체험, 민속공예체험, 농사체험 등을 모두 한곳에서 할 수 있다는 점이다. 이팝꽃 피는 봄이 아니어도 좋다. 알알이 대추가 빨갛게 익어가는 가을이라도 좋다. 영남루가 있고, 표충사가 있고, 얼음골이 있고, 사자평이 있고, '영남 알프스' 둘레길이 있는 평리마을엔 언제든 와도 좋다.

평리 대추나무체험길 느리게 걷기 逍遙

● 연계 가능한 도보여행길 소개

≫ 영남알프스둘레길(1)

• 국제신문이 연중기획으로 영남알프스 둘레길 개척을 시작하였으며 한바
퀴 800리 명품 트레일로 시도 5개 자치단체가 연계돼 있고, 총길이가 약
350㎞에 이른다. 영남알프스 둘레길은 자연과 인간, 마을과 마을이 엮이
고 어우러지는 길이며 산자락에 기대 살고 있는 사람들의 소박한 삶을 보
고 느낌으로써 삶을 풍요하게 하는 길이다.

• 현재 국제신문 산행팀이 열어젖힌 코스는 1코스 통도사에서 시작하여 17
코스 선리마을회관까지 17개이다. 영남알프스 둘레길은 16, 17코스가 평리
마을회관을 거쳐간다.

● 그린로드 코스 소개

≫ 평리 대추나무체험길

• 그린로드 평리 대추나무 체험길은 마을에서 진행되는 다채로운 체험과 때
묻지 않은 자연환경을 느낄 수 있는 길이다. 코스는 평리마을회관에서 출
발하여 우거진 숲의 마을 등산로를 따라 시작된다. 등산로를 따라 걸으면
단장천 및 경관을 감상할 수 있으며, 길은 임도와 만나게 된다. 곳곳에 이
정표가 있어 쉽게 길을 찾을 수 있다. 임도를 따라 위쪽으로 걷다 아래로
내려오면 백마산 아래 평리마을에 속한 자연부락마을인 바드리마을에 도
착하게 된다. 마치 구름 위를 걷는 듯한 느낌과 인근의 산세와 경치를 감
상할 수 있을 것이다. 또한 주위에 체험관 및 각종 체험장을 둘러볼 수 있
다. 체험관 뒤편 길을 따라 가다보면 별자리를 관측체험을 할 수 있는 천
체관측체험관을 지난다. 계속하여 걷다보면 삼거리에서 이정표가 나오는
데 풍류동 방면으로 길을 선택한다. 풍류동 방면의 숲길을 따라 130m가량
내려가면 또 하나의 이정표가 나오는데 위참샘 방향으로 길을 진행한다.
갈림길에서 왼쪽 길로 내려오다 개인농장 대추밭을 따라 길을 걸으면 평
리마을 앞 도로로 진입하게 된다. 도로를 따라 시점인 평리마을회관에 도
착한다.

평리 녹색체험마을 찾아가는 길

평리 대추나무체험길 총 코스

거리 : 약 8km

총 소요시간 : 약 3시간 30분

▭ 기존길사업구간(국제신문 : 영남알프스둘레길)
▬ 평리 대추나무체험길코스

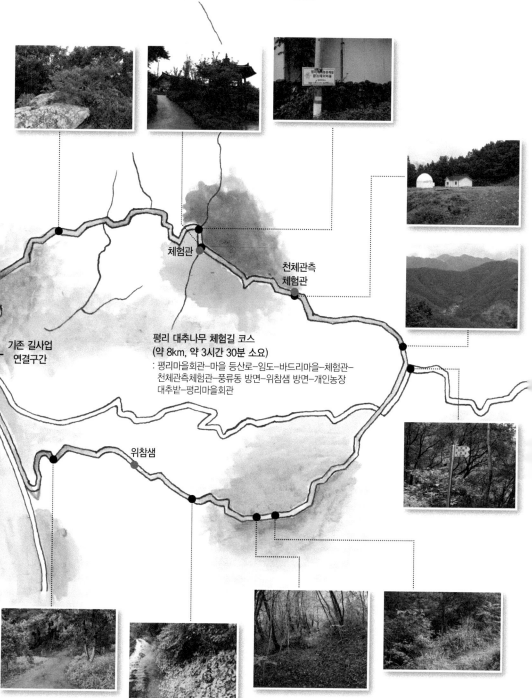

체험관

천체관측
체험관

기존 길사업
연결구간

평리 대추나무 체험길 코스
(약 8km, 약 3시간 30분 소요)
: 평리마을회관-마을 등산로-임도-바드리마을-체험관-
천체관측체험관-풍류동 방면-위창샘 방면-개인농장
대추밭-평리마을회관

위창샘

평리 녹색체험마을에 가면…

● 평리 대추나무체험길

봄
Spring

이팝꽃 축제

평리마을의 가로수는 이팝나무다. 이팝나무는 이밥 그러니까 쌀밥이라는 뜻이 담긴 나무이다. 꽃이 피면 꽃송이가 마치 사발에 쌀밥이 담긴 것 같은 모양이 연상되는 형태라 이름이 붙여졌다고 한다. 이팝나무는 예전에는 농사가 잘될지 안 될지 점을 치는 나무였다. 봄이면 매화나 벚꽃구경을 많이들 가는데 평리마을 이팝 꽃 축제에 오면 꽃구경도 하고 집안 농사 잘될지 점 한번 보시고 가라. 점보는 방법은 꽃구경 잘했으면 집안에 복이 올 것이다. 쌀밥이 피는 나무, 구경만 해도 배가 부를지 모른다.

매년 축제행사 내용은 다르지만 맛난 음식도 먹고 여러 가지 이벤트 행사도 감상할 수 있다. 또 언제든지 소원을 담은 돌탑 쌓기를 할 수도 있다.

혹시 축제행사일이 끝났다고 이팝 꽃이 다 진 것으로 착각하지 마시길. 이팝꽃 길을 걸으면 흰 눈을 머리위에 이고 가는 형상이다. 상상해보라 땅으로 내리지 않고 허공에 떠 있는 눈덩이를, 구경할 게 아니라 눈덩이에 올라가고 싶다. 사다리를 좀 놓아주면 안 될까 싶다. 봄에 이곳에 오면 야생화 체험도 할 수 있고 취나물, 고사리, 야생두릅 등을 채취할 수 있다. 과일나무를 분양받아 기르면 가을에 내가 키운 나무에서 사과나 배를 수확해 갈 수 있다. 주말농장용 텃밭도 분양받을 수 있다.

여름 논메기잡기체험, 뗏목타기, 천연염색체험, 완두콩, 매실 돌탑쌓기, 깻잎 고추따기

물고기 잡는 것만큼 재미있는 놀이도 없다. 자연스럽게 물놀이를 겸하게 되는 것도 있지만 포유동물의 태생적 사냥본능 때문일까 메기를 쫓아 다니는 것도, 잡는 것도 다 즐거운 체험이다. 매실, 깻잎, 고추는 절임음식을 해먹을 수 있는 농산물이다. 절임음식은 그 과정이 중요하고 정성이 중요하다. 그렇게 해서 잘 만들어 놓으면 아무리 인스턴트 음식에 길들어 있어도 좋아하지 않을 수가 없을 것이다. 그냥 보기에는 돌인데 딱딱하고 못생기고 그런데 이 돌로 담을 쌓으면 그렇게 아름다울 수가 없다. 탑을 쌓아도 마찬가지다. 아름답다. 돌탑 쌓고 굳이 소원 빌지 마라. 아름다움을 쌓아놓았으니 저절로 소원 다 이루어 질 것이다.

언제나 인기가 좋은 뗏목타기 체험, 아름다운 색을 경험할 수 있는 천연염색, 아이들은 왜 콩을 싫어할까요? 완두콩 따기를 하면 파란 콩이 아이들에게 콩을 잘 먹을 수 있게 마법을 걸어줄지도 모른다.

굴렁쇠 굴리기 체험도 꼭 권하고 싶다. 옛날에도 이 굴렁쇠 굴리기 하기는 어려웠었다. 왜냐하면 재료를 구하기가 쉽지 않아 하고 싶어도 하기 어려운 놀이였다.

가을
Autumn

대추따기, 천연비누만들기, 아로마향초만들기, 돌탑쌓기, 손두부.도토리묵
만들기, 별자리체험

평리마을은 대추나무가 많다. 대추는 우리 생활에 음식으로 약으로
쓰임새가 많다. 그런데 대추 수확시기가 추석전후라 체험하기가 어
렵다. 대추수확은 손으로 하나하나 따는 게 아니라 장대로 나무를
쳐 바닥에 떨어진 걸 수확하는데 한다면 아주 재미난 체험이다. 명
절 전후라도 시간이 된다면 체험할 수 있다.

도시에서 사는 사람들에게는 비누라도 천연비누를 쓸 필요가 있다.
아토피와 알레르기가 심각하게 유발되고 있는 요즘은 꼭 필요한 가
정용품이다. 아로마향초는 초인데 우리가 일반적으로 쓰는 초는 석
유 정제후의 부산물인 파라핀으로 만드는데, 시중에서 파는 아로마
향초도 보통 그렇다. 그러나 여기서는 천연 밀랍으로 만드는 아로마
향초이다. 천연비누나 천연아로마 향초는 선물을 해도 아주 좋다.
만들기도 비교적 쉬우므로 체험하기에 아주 그만이다.

평리마을엔 천체관측체험관이 있는데 별자리 관측은 어느 계절에
해도 좋지만 가을에 별자리 관측은 더 깊이가 있을 것이다. 적당히
떨어진 기온에 너무나 어두운 하늘이지만 가을빛이 물들어 있는 하
늘, 별이 아무리 빛나도 왜 하늘은 어두운걸까. 아니면 어둠이 아무
리 별빛을 가두려고 해도 새 나오는 걸까. 가을에 별들이 쏟아내는
신화를 맛보아야 한다.

Tip
이팝나무

옛날에 이팝나무 꽃이 많이 피면 풍년을 꽃이 적게 피면 흉년을 점쳤다고 한다. 또 이것이
단순히 미신이 아니라 어느 정도 과학적 근거를 가지고 있는 것이다. 꽃 필 시기가 모내기
하는 시기인데 생육환경이 나쁘면 모도 잘 자라지 못
하고 꽃도 덜 피게 되는 것이다.

이렇게 쌀과 가까운 나무가 하나 더 있는데 조팝나무
다. 논두렁에 가지를 따라 길쭉하게 하얀꽃을 피우는
게 조팝나무다.

겨울 *연날리기, 짚공예, 지게로 장작 나르기*

평리마을은 체험할 것이 너무나 많다. 겨울은 아무래도 추워서 체험행사하기가 어렵지만 벼락바위나 바지게바위, 사슴농장, 염소농장 등 구경거리도 쏠쏠하고 자연생태체험부터 민속체험, 전통놀이체험, 먹거리체험, 민속공예체험, 농산물체험 등 체험의 종합선물세트 마을이다. 겨울에도 이곳을 방문하면 남쪽의 따뜻함과 함께 연날리기, 짚공예등 다양한 체험을 할 수 있다. 겨울별자리체험도 좋고, 향초를 만드는 것도 좋을 것 같다.

■ **숙박시설 및 길안내**

＊민박

풀하우스민박

예약 및 문의 055-352-4394, 011-866-4394, 011-9305-4394

다산농원

예약 및 문의 055-351-0906, 010-4797-5557

은행나무집 민박

예약 및 문의 010-3834-1398, 010-3131-4265

금천댁대추농원

예약 및 문의 055-352-1384, 010-2912-1384, 010-3114-1384

홍골민박

예약 및 문의 055-352-1386, 011-883-1386, 016-9256-1386

황도민박

예약 및 문의 055-352-1196, 010-6353-1196

고례산대추

예약 및 문의 055-352-1392, 010-8534-1392

서성교 011-866-4394

홈페이지 **www.pyungri.com**

길끝에서 만나는 어메니티

:: 사자평

경남 밀양의 재약산 사자평은 국내 최고의 넓이를 자랑하는 억새밭이다. 억새가 만발한 가을의 사자평 억새밭을 보노라면 가을이 타오르는 것을 볼 수 있다. 경이로움이 느껴지고 . 억새 이삭이 만발했을 때 사자평이 보이는 찬란함은 봄 벚꽃이나 가을 단풍을 오히려 능가한다. 사자평의 한자를 살펴보면 사자가 사는 평원이거나 사자의 갈기 같은 평원이라는 뜻을 볼 수 있는데 너무나 멋진 이름인 듯하다. 아프리카 평원에서 비록 하루 종일 잠을 자기는 하지만 집채만한 숫사자가 바람에 갈기를 휘날리며 고요히 앉아 있는 그 모습을 여기서 상상해보라.

:: 표충비각

송운대사 사명당 유정의 충의를 새긴 비로서 영조 18년에 세웠다. 무안면 무안리에 있으며 뒷면에는 서산대사 휴정의 행장을 새겼고 이 비에 대하여 이곳 사람들은 국가 유사시에 땀이 흐른다고 해서 그것이 사명당의 충의 정신에 대한 영험으로 알고 있다. 비의 크기는 높이 2.7m 폭96cm 두께 54.5cm이다. 1972年 2月 12日 지방 문화재 제 15호로 지정 되었다. 표충비는 나라에 큰 경사나 난리가 있을 때마다 땀이 흐르는 신비한 비석이다. 땀이 흐른 기록은 박정희대통령 서거 때와 KAL 사건 때도 땀을 흘린 기록이 있다.

:: 부곡하와이

1979년에 개관하였으며 연수 · 학습 · 휴양 · 위락 · 스포츠의 관광 5대 기능을 두루 갖추고 있다. 늪지대식물관 · 선인장관 · 열대식물관 · 난관으로 나누어진 식물원, 불곰 · 반달곰 · 쌍봉낙타 · 포니 · 아메리카들소 등 50여 종의 동물이 있는 동물원, 약탕 · 열탕 · 냉탕 · 수중폭포안마탕 · 천연폭포안마탕 및 고 · 저온 사우나 시설을 갖춘 대장굴탕 온천이 있다.

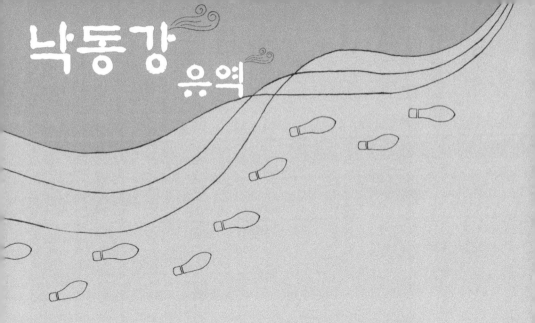

낙동강 유역

도심 속에 섬으로 남을 소석마을

소석 팜스테이마을 | 태극벼슬길

국도를 따라 영축산에서 흘러내려온 양산천이 도심을 향해
흐르고 있다. 천년의 역사를 간직한 채 저 물길은 낙동강을
거쳐 남해로 흘러들 것이다. 양산천 어딘가 소석마을로 들어
가는 길이 있다고 했다. 양산천 한가운데 떡하니 버티고 앉아
흘러가는 물길을 아쉬워하듯 바라보는 자라바위가 보인다.
저 바위가 소석마을의 수호신 역할을 한 건 얼마나 됐을까.

태극벼슬길

소석 팜스테이마을

* 경남 양산시 상북면 소석리

도심 속에 섬으로 남을 소석마을

경부고속도로 양산IC에서 빠져나와 35번 국도로 접어들어 통도
사 방향으로 길을 잡는다. 이 35번 국도는 가야국(김해)에서 천
년고도 신라(경주)까지 뻗어 있는 역사의 숨결이 살아 꿈틀거리
는 길이다. 그 옛날 벌판을 누비던 함성소리는 온데간데없지만
어디선가 말발굽소리가 들리는 듯하다. 양산 시내에서부터 천변
을 따라 조성된 자전거도로가 아직 갈 길이 남았다는 듯 숨을 고
른다. 저 자전거도로가 영축산 통도사까지 이어진다면 좋은 역
사 순례길이 될 수 있겠다.

그러고 보니 천년고찰 통도사가 지척이다. 신라 646년, 자장율
사께서 부처님의 가사와 사리를 모실 절을 찾던 중 꿈속에 나타
난 동자가 알려주었다는 곳이 양산 영축산이다. 하여 율사께서
인근 경치를 살펴보니 송림이 울창하고 산봉우리들이 열을 지어
둘러쳐져 있었으며 검푸른 못물은 마치 고요히 잠들어 있는 듯
하여 영축산에 절을 세웠단다. 그 절이 바로 통도사이다.

국도를 따라 영축산에서 흘러내려온 양산천이 도심을 향해 흐르고 있다. 천년의 역사를 간직한 채 저 물길은 낙동강을 거쳐 남해로 흘러들 것이다. 양산천 어딘가 소석마을로 들어가는 길이 있다고 했다. 양산천 한가운데 떡하니 버티고 앉아 흘러가는 물길을 아쉬워하듯 바라보는 자라바위가 보인다. 저 바위가 소석마을의 수호신 역할을 한 건 얼마나 됐을까. 바위 위에서 날갯짓을 준비하는 재두루미를 본 것은 행운이었다. 천연기념물 재두루미가 한가로이 노니는 도심 속의 농촌이라니… 자꾸 소석마을이 궁금해진다.

영취산과 천성산 사이에 섬처럼 떠있는 화성산. 그 화성산의 품에 안겨 농촌의 전원 풍경을 간직하고 있는 마을이 있다. 도심 속의 전원마을. 그렇다. 소석마을은

도심 인근에 남은 마지막 농촌마을이다. 하지만 그것을 지키고 간직하기란 얼마나 힘겨운 일인가. 논과 밭에 서있는 농부들이 파수꾼처럼 개발과 맞서고 있다. 더 이상 밀리면 끝이다. 여긴, 우리들의 땅이다. 개발에 맞서 더 푸르게 그늘을 늘어뜨리는 고목이 대견하면서도 측은하기만 하다. 그러나 지켜야 할 것이 있다는 것은 아직 가능성이 남아 있다는 뜻이리라.

마을 뒤편으로 난 좁은 오솔길을 따라 화성산 정상에 오르자 비교적 넓은 분지가 나온다. 아직 일부 국유림이 남아 있는 까닭에 산은 그나마 잘 보전이 되어 있다. 한국전쟁 당시 미사일 레이더 기지가 주둔해 있었다는 산 정상엔 〈닭마실〉이라는 체험농장이 있다. 외딴 산속에서 이렇게 아름다운 풍경과 맞닥뜨리는 즐거움이라니. 도심과 불과 5km 정도 떨어진 곳에서 무릉도원을 발견했다고 하면 지나친 표현일까. 닭 마실 나가듯 농장을 둘러보는데 오리와 칠면조, 염소들이 손님을 맞는다. 소석마

을이 팜스테이마을로 지정이 된 건 순전히 이 농장 때문이 아닐까 하는 생각. 숙박도 가능한 방갈로에선 아직 따뜻한 온기가 남아 있다. 주말농장 밭에 삐뚤삐뚤한 글씨로 아이의 이름을 쓴 푯말이 정답기만 하다. 이번 주말에도 아이의 행복한 웃음소리가 〈닭마실〉에 울려 퍼지리라.

누구일까? '닭마실'이라는 예쁜 이름을 머릿속에 그린 이는. 소석마을은 양산에서 제일 처음 양계업을 시작한 동네란다. 닭과 인연을 맺은 게 벌써 40년이 다 되어간다고 한다. 종자돈 30만원으로 양계업을 시작했다고 하니 놀라울 따름이다. 또한 요즘 각광받고 있는 계란공예도 가장 먼저 시작했단다. 지금도 계란공예는 유치원생과 초등학생들에게 가장 인기 있는 체험 프로그램이라고. 게다가 닭마실 농장은 양산시에서 추천하는 농촌교육농장으로 많은 농촌지도자들을 교육, 배출시키고 있다고 한다.

이런 소석마을이 도심 속의 전원마을로 우리 곁에 계속 남아 있으려면 많은 사람들의 관심과 성원이 필요하겠다. 그러기 위해선 먼저 양산천의 오염을 막고 깨끗한 자연하천으로서의 제 기능을 할 수 있도록 관리해야 한다. 또한 화성산을 시민의 여가 및 휴식공간으로 돌려주기 위해 둘레길 연결 사업을 서둘러 마무리 지어야 한다. 우리에겐 반드시 지키고 보전해야 할 것들이 있다. 그런 의미에서 소석마을을 지켜내는 것은 어쩌면 숙명이자 우리에게 주어진 과제인지도 모른다. 도심 속의 정원처럼 소석마을이 우리에게 편안한 안식처가 되기를 바라는 마음 간절하다.

태극벼슬길 느리게 걷기

● 연계 가능한 도보여행길 소개

》》 영남알프스둘레길(2)

- 부산일보가 2010년부터 영남알프스 둘레길을 답사하였으며 시도 5개 자치단체가 연계돼 있고, 총길이가 약 160km에 이른다. 영남알프스 둘레길은 마을을 잇는 오래된 길을 찾아 한 굽이 두 굽이 뚜벅뚜벅 걷는 길로 가능한 한 인위적인 대로를 배제한 맨흙이 드러난 흙길을 고집하였다. 현재 부산일보가 열어젖힌 코스는 1코스 석남사 입구에서 시작하여 10코스 매전교까지 10개 코스이다.

- 10개 코스 중 4코스와 소석팜스테이마을은 3.5km정도 떨어진 곳에 위치해 있다.

● 그린로드 코스 소개

》》 태극벼슬길

- 그린로드 태극벼슬길은 조선말기 통정대부정공을 지낸 정인휘의 이야기, 6.25시절 탱크가 지나던 길, 5일장 가던 옛 시장길, 그리고 소석팜스테이마을의 체험 등 삶의 이야기가 담겨있는 길이다. 소석팜스테이마을 인근에 위치한 배내골로 가는 등산로를 이용하는 등산객과 영남알프스 둘레길의 도보여행자, 그리고 소석팜스테이마을을 지나 내리로 향하는 자전거이용자들의 접근은 아래와 같다. 태극벼슬길은 접근로의 접점인 송제마을 입구에 있는 큰 소나무에서 시작한다. 입구에서 이정표를 따라 올라가면 잊혀져 가는 비석이 있는데 이는 근근 정비가 되지 않아 보기란 쉽지 않다. 계속하여 길을 따라 올라가면 보기 드문 연리지(소나무)가 사람을 맞이한다. 일대가 모두 팜스테이가 이루어지는 송제농장으로 다양한 체험이 이루어지며 흥미로운 태극문양에 대한 이야기를 담은 통정대부정공 묘가 위치해 있다. 송제농장에서 정수장 쪽으로 내려오면 우측으로 5일장 다니던 옛 시장길이 이어진다. 옛 시장길을 따라 계속해서 내려가면 길의 끝에 파란 지붕의 컨테이너에 이른다. 흙길이 끝나고 도로를 따라 황산선정(쉼터)으로 향한다. 황산선정 전 우측 농로를 따라 가다 작은 다리를 건너 양산천변 둑방길로 접어든다. 둑방길에서 바라보는 천변의 경관이 탄성을 자아낸다. 둑방길에서 내려와 양산천변의 소로(정비예정)를 따라 길을 이어간다. 길의 끝에서는 마라톤 코스와 만나며 표면에 구간 거리가 표시되어 있다. 도로를 따라 내려와 권달수 STUDIO를 지나 팜스테이마을 이정표를 만난다. 여기서부터는 6.25때 탱크가 지나던 길로 넓은 폭의 흙길과 대나무, 숲을 느낄 수 있다. 탱크길을 따라 올라가면 다시 송제농장에 도착한다.

소석 팜스테이마을 찾아가는 길

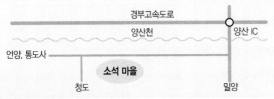

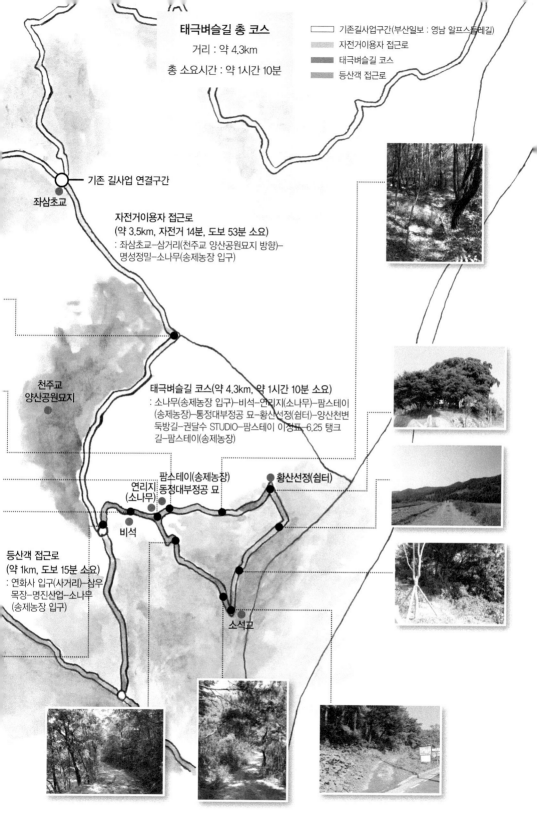

태극벼슬길 총 코스

거리 : 약 4.3km

총 소요시간 : 약 1시간 10분

▭ 기존길사업구간(부산일보 : 영남 알프스둘레길)
▨ 자전거이용자 접근로
▬ 태극벼슬길 코스
▬ 등산객 접근로

기존 길사업 연결구간

좌삼초교

자전거이용자 접근로
(약 3.5km, 자전거 14분, 도보 53분 소요)
: 좌삼초교–삼거리(천주교 양산공원묘지 방향)–
명성정밀–소나무(송제농장 입구)

천주교
양산공원묘지

태극벼슬길 코스(약 4.3km, 약 1시간 10분 소요)
: 소나무(송제농장 입구)–비석–연리지(소나무)–팜스테이
(송제농장)–통정대부정공 묘–황산선정(쉼터)–양산천변
둑방길–권달수 STUDIO–팜스테이 이정표–6.25 탱크
길–팜스테이(송제농장)

팜스테이(송제농장)
동청대부정공 묘
연리지
(소나무)
황산선정(쉼터)

비석

등산객 접근로
(약 1km, 도보 15분 소요)
: 연화사 입구(사거리)–삼우
목장–명진산업–소나무
(송제농장 입구)

소석교

소석 팜스테이마을에 가면...

● 태극버슬길

봄 **꽃체험**

Spring

소석팜스테이마을은 계절별 체험이 아주 알차다. 체험별로 특화시킨 것이 아니라 계절별로 먹거리, 농사체험, 만들기 세 가지 유형의 체험을 할 수 있도록 꾸며져 있다. 봄에는 먹거리로 화전을 만들어 먹고, 농사체험으로 모내기, 당근캐기, 감자심기, 씨앗뿌리기등 봄에 할 수 있는 농사체험을 하고, 압화를 만들거나 알 공예를 하든가 하는 것이다.

특히 봄에는 꽃을 테마로 체험이 이루어지는데 꽃으로 장식한 전을 부쳐보면 먹으려고 한 것이지만 먹기 아까울 정도로 예쁘다. 꽃을 이용해 압화나 꽃목걸이 등을 만드는 것은 이 마을에서만 할 수 있는 노하우가 있어 더욱 신기하고 재미있을 것이다. 꽃과 함께하는 봄을 이 마을에서 마음껏 즐길 수 있다.

소석팜스테이마을은 주말농장도 운영하고 있다. 주말농장은 규모가 작게 운영하는 농장이니 밭을 일구고 씨를 뿌리고 수확하는 농사체험을 해보고 싶은 분은 주말농장을 해보면 좋다. 규모는 작아도 농사체험을 할 수 있고 노동의 기쁨이나 힘듬을 다 체험할 수 있다. 특히 아이들에게는 꼭 필요한 체험일지 모른다.

여름   *연체험, 계란공예체험*

연은 꽃부터 잎, 뿌리까지 모두 식용으로 쓰든가 약용으로 쓴다. 연의 쓰임은 연잎차만들기, 연밥만들기, 연씨로 공예품만들기, 연뿌리로 음식 만들기 등 많은 것으로 이용하고 일반인들이 사용할 수는 없지만 한약재로도 많이 사용하고 있다. 여름에는 감자캐기, 옥수수 따기 등 농사체험을 할 수 있다. 무엇보다 연꽃 구경하는 것이 너무 좋다.

계란공예체험는 연중 체험으로 가능하다. 계란에 그림을 그리거나 계란껍질에 조각을 하는 것을 말한다. 계란뿐이 아니라 타조 알이나 기타 알에 다 가능한 것이다. 가장 구하기 쉽고 친숙한 것이 계란이라 많이 이용한다. 계란에 그림을 그리는 것은 도화지에 그리는 것과 또 다른 매력이 있고 어찌 보면 차원이 다른 것이라고 할 수 있다. 도화지에 그리는 그림은 평면에 입체감을 살리는 그림이라면 계란에 그리는 것은 이미 입체적인 것에 평면 그림을 그리는 것이라 할 수 있다. 상상력이 더 풍부해야 하고 공간감이 있어야한다. 왜냐하면 도화지는 그리는 대상을 한쪽면만 그리면 되지만 계란에 그릴 때는 꼭 그런 것은 아니지만 보이지 않는 반대쪽도 다 그려야하기 때문이다. 소석마을은 양계를 테마로 하는 교육농장이 있으니 여러 가지 닭에 관련된 체험을 할 수 있다.

가을
Autumn

두부 만들기, 옥수수따기

콩도 우리 생활에 없어서는 안 될 것이다. 우리 음식인 된장부터 해서 너무나 많이 이용하고 있다. 실생활에서 콩을 이용한 식품 중 가장 많이 먹는 것이 두부이다. 사실 두부는 우리가 흔하게 먹기는 하지만 그 만드는 과정을 보기는 어렵다. 두부는 만드는 과정을 보면 참으로 신기하다. 콩을 갈아 바닷물 간수와 혼합해 열을 가하는 것 뿐인데 몽글몽글 뭉쳐져 두부가 만들어지는 게 신기하다. 보통 사먹는 두부는 맛이 썩 좋지는 않다. 그래서 조리해서 먹는 경우가 많은데 현장에서 만든 두부를 먹어보면 정말 맛있는 두부를 맛 볼 수 있다. 두부만들기는 연중체험이 가능하다.

고구마캐기, 떡만들기, 땅콩캐기, 옥수수따기, 짚공예등 다양한 체험을 할 수 있다.

Tip
두부

두부는 양질의 식물성 단백질이 풍부한 식품이다. 중국 한나라의 유안이 발명한 것을 시초로 보고 있다. 한국은 고려시대 성리학자 이색의 목은집에 대사구두부내향이라는 제목의 시에 "나물죽도 오래 먹으니 맛이 없는데, 두부가 새로운 맛을 돋우어 주어 늙은 몸이 양생하기 더없이 좋다.…" 라는 구절에 처음 나온다.

제조법은 콩을 잘 씻어 여름에는 7~8시간, 겨울에는 24시간 물에 담가 불린 후 물을 조금씩 가하면서 곱게 간다. 이것을 콩비지라 하며, 이것을 끓이면 콩의 비린내가 제거되는 동시에 단백질이 다량 콩비지 속에 용해된다. 가열이 끝나면 콩물과 비지로 분리를 한다. 그리고 콩물에 간수를 넣으면 콩물이 굳어져 두부가 된다. 이것은 일반적인 제조방법이고 다른 제조방법이나 기타 첨가제등으로 많은 종류의 두부들이 있다. 분리된 콩비지는 음식으로 만들어 먹는다.

■ 숙박시설 및 길안내

*방갈로
방갈로 숙박시설이 잘 되어 있다.

예약 및 문의
신문자 010-3845-8846

홈페이지 **www.sosuk.farmstay.co.kr**

겨울 치즈만들기, 짚공예

겨울은 농사체험을 하기 어렵지만 짚공예, 두부만들기, 계란공예, 치즈만들기 등은 할 수 있다. 어른이든 아이든 손으로 만들기를 하는 것은 우리 몸에 상당히 이롭다. 하다못해 나이 드신 분들은 화투놀이를 하라고 권장하는 것도 무관하지 않은 얘기다. 만들기를 하는 것은 몸을 움직이고 생각을 해야 하기 때문에 자연스럽게 몸과 마음을 쓰게 되는 것이다. 소석팜스테이마을의 체험은 그런 것이 잘 이루어지도록 꾸며져 있다. 몸과 마음을 쓰고 건강한 먹을거리를 먹는다면 더없이 좋은 체험이다.

Tip
닭마실 교육농장

소석마을의 체험프로그램이 이루어지는 곳이다. 자연체험으로 나무관찰, 산나물 관찰 등이 있고 동물체험으로 염소, 닭 등 동물들 먹이 주기와 사진찍기, 농사체험으로 모내기, 감자심기, 고구마캐기, 감자캐기, 밤줍기, 김장하기 등 다양하게 있고 문화체험으로는 계란공예, 짚공예, 떡만들기 가 있고 놀이 체험은 축구, 그네타기, 널뛰기, 봉숭아물들이기 등이 있어 다양한 체험프로그램이 이루어지고 있다.

길끝에서 만나는 어메니티

통도사

한국 3대 사찰의 하나로, 부처의 진신사리가 있는 사찰이다. 통도사라 한 것은, 이 절이 위치한 산의 모습이 부처가 설법하던 인도 영취산의 모습과 비슷해 통도사라 이름 했고, 또 승려가 되고자 하는 사람은 모두 이 계단을 통과해야 한다는 의미에서 통도라 했으며, 모든 진리를 회통하여 일체중생을 제도 한다는 의미에서 통도라 이름 지었다고 한다.

이 사찰은 부처의 진신사리를 안치하고 있어 불상을 모시지 않고 있는 대웅전이 국보 제290호로 지정되어 있으며, 이 밖에 보물 제334호인 은입사동제향로, 보물 제471호인 봉발탑등이 있다.

홍룡폭포

가지산 도립공원 내의 있는 폭포로 상, 중, 하 3단 구조로 되어 있어 물이 떨어지면서 생기는 물보라가 사방으로 멋지게 퍼진다. 이 때 물보라 사이로 무지개가 보이는데 그 형상이 선녀가 춤을 추는 것 같고 황룡이 승천하는 것 같다고 하여 홍룡폭포라 지어졌다.

본래는 홍룡폭포였는데 세월이 가면서 점차 홍룡으로 부르게 되어 지금은 홍룡폭포라고 부른다. 물이 떨어지면서 생기는 물보라가 사방으로 퍼진다. 이때 물보라 사이로 무지개가 보이는 데서 이름 지어졌다.

폭포 아래에 홍룡사라는 아담한 절과 가홍정이라는 정자가 있어 아름다운 풍광을 이루고 있다.

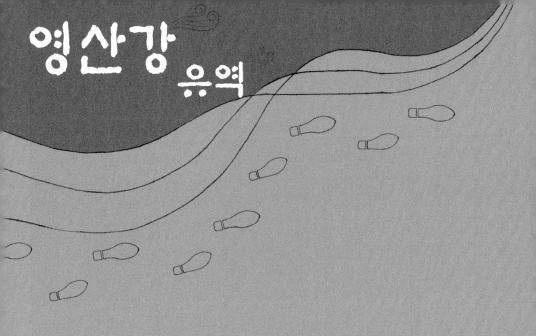

영산강 유역

황톳길에 뿌려진 새싹들처럼

옥정마을 | 형제제연꽃길

옥정마을엔 지금 새로운 변화의 바람이 불고 있다. 그 바람의
주역은 물론 주민들이다. 논농사와 배 농사 위주의 농촌에서
벗어나 새로운 소득원을 찾고 있다. 이른바 고소득 작물을
재배하는 것인데 그것은 다름 아닌 새싹사업이다. 몇 년 전
농촌종합개발 공모전에서 당선이 되어 벌이고 있는 사업의
중심엔 새싹사업과 다채(多菜)사업이 있다.

형제제연꽃길

옥정마을

＊전남 나주시 공산면 중포리

황톳길에 뿌려진 새싹들처럼

영산강에 뱃길이 열렸다. 드디어 황포돛배가 떴다. 무려 34년 만에 제 모습을 찾은 영산강을 따라 황포돛배는 옛 영화를 보여주듯 유유히 물살을 가르며 떠간다. 어쩌면 영산포에 있던 내륙 유일의 등대에도 다시 불이 켜질지 모른다. 얼마나 기다리고 염원했던 일인가. 영산강의 뱃길을 여는 건 호남사람들의 오랜 숙원 사업이었다. 그래서인지 4대강사업이 발표되었을 때 가장 환영한 곳이 바로 영산강 유역 사람들이었다. 해서 전국 4대강사업으로 조성된 16개 보 가운데 유일하게 죽산보에만 수문이 만들어져 배의 출입이 가능하게 되었다.

다행이다. 참으로 다행이다. 얼마나 많은 우려와 반대 속에 진행된 사업이었던가. 강을 시민의 품으로 돌려주겠다던 정부의 약속이 이곳 영산강에서는 제대로 지켜진 셈이다. 저 멀리 광주 상무지구에서부터 강둑 자전거길을 따라 이곳 나주까지 올 수 있다니 강을 벗 삼아 자전거여행을 할 수 있겠다. 조만간 이 길이 목포까지

이어지면 자전거를 타고 바다까지 갈 수 있다고 생각하니 벌써부터 마음이 설렌다. 죽산보를 지나 영산나루에 들어서자 젓갈냄새가 코를 찌른다. 옛 영화를 그리워하는 것이 어디 황포돛배뿐이랴. 이곳 영산나루도 예전엔 고깃배와 젓갈을 실은 배들이 수도 없이 드나들던 포구였다. 또한 금을 채굴하던 덕음광산이 있던 금광지대였다. 금을 생산하던 굴에서는 지금 한창 젓갈이 익어가고 있다.

나주옥정마을에 들어선다. 얼마나 물이 맑았으면 옥정(玉井)일까. 영산강이 둑으로 정비되기 전 이 마을 앞까지 강물이 드나들었을 정도로 물이 많고 또한 맑았다고 한다. 지금은 다만 농사를 위한 수

황톳길에 뿌려진 새싹들처럼
옥정마을
● 형제제연꽃길

로(水路)에서만 물을 볼 수 있어 아쉬울 뿐이다. 길가에 널어놓은 나락들이 꼬들꼬들 말라간다. 나락을 펼치는 노인들의 손놀림이 분주하다. 억새풀이 우거진 황톳길을 따라 걷다보니 나란히 붙어있는 두 개의 저수지가 나온다. 형제지(兄弟池)라 이름 붙여진 이 저수지엔 연들이 빼곡히 심어져 있다. 푸른 가을 하늘을 떠받들고 있는 연잎 너머로 멀리 영암의 월출산 천황봉이 한눈에 들어온다. 저수지 주변을 한 바퀴 돌아보는데 한 시간 가량 걸린다고 한다. 지금은 탐방길 조성공사가 한창이다. 이곳의 연꽃은 유독 빛깔이 짙고 고와서 여름철엔 많은 인파가 몰리기도 한단다.

옥정마을엔 지금 새로운 변화의 바람이 불고 있다. 그 바람의 주역은 물론 주민들이다. 논농사와 배 농사 위주의 농촌에서 벗어나 새로운 소득원을 찾고 있다. 이른바 고소득 작물을 재배하는 것인데 그것은 다름 아닌 새싹사업이다. 몇 년 전 농촌종합개발 공모전에서 당선이 되어 벌이고 있는 사업의 중심엔 새싹사업과 다채(多菜)사업이 있다. 이미 상품개발과 생산시설을 완공하여 본격적인 출하를 하고 있다. 시장성도

좋아서 멀리 서울까지 판로를 개척해 인기리에 판매가 되고 있다고 한다. 거기다 매년 4월 나주영상테마파크에서 다채축제를 열어 홍보를 겸하고 있다.

옥정마을을 이야기할 때 또 한 가지 빼놓을 수 없는 것이 충주산방(忠主山房)이다. 충주산방은 황토도자기를 굽는 가마터의 이름이다. 충주는 노근진 작가의 호. 본래 황토는 통기성이 많고 거칠어 철분 함량이 높아 도자기 제작으로는 무척이나 까다로운 재료이다. 충주 노근진 작가는 이러한 황토의 단점을 보완할 수 있는 황토추출 천연유약과 황토소지를 개발하여 보다 강도가 높고 쉽게 깨지지 않는 황토생활자기를 만들고 있다. 하여 노근진 작가는 황토도자기의 최고 권위자로 평가받고 있다.

황톳길에 뿌려진 새싹들처럼
옥정마을

● 형제재연꽃길

그런데 중요한 것은 충주산방이 옥정마을에 끼치는 영향이다. 충주산방은 나주시에서 노인 일자리 창출의 일환으로 시행하고 있는 마을기업육성사업을 진행하고 있는 작업장이라는 것이다. 농한기 때 소일거리가 없는 농촌 노인들에게 일자리를 제공함으로서 소득도 높이고, 노인들 스스로 도자기를 빚고 굽는 등 여가활동에도 좋은 기회가 되고 있다. 현재 8명의 노인들이 충주산방에서 근무도 하고 도자기 작품도 만들고 있다고 한다. 또한 옥정마을을 찾는 체험객들에게 충주산방은 도자기 체험의 기회를 제공하고 있다. 잘사는 농촌은 함께 나누며 고난을 함께할 때 이루어질 수 있는 것. 그것을 실천하는 일은 얼마나 지난한 일인가.

나주옥정마을에 가면 황토를 닮은, 억새꽃 같은 사내를 만날 수 있다.

형제제연꽃길 느리게 걷기 逍遙

● 연계 가능한 도보여행길 소개

≫ 풍류락도 영산가람길

- 2010년 문화체육관광부에서 선정한 문화생태탐방로인 '풍류락도 영산가람길'은 영산강을 따라, 역사와 문화, 삶과 이야기를 함께 만나는 길로 남도전통문화의 중심지인 나주의 전통과 현대를 만날 수 있다.
- 코스경로는 자미산 망대→국립나주박물관→신촌 및 덕산리 고분군→금사정 동백나무→영상테마파크→금강정→영산나루탐방로→다야뜰생태공원→죽산보→영산강 뚝방길→복암리 고분군→복암리고분전시관→잠애산 오솔길→천연염색 문화관→회진성→영모정→구진포의 장어의 거리→미천서원→영산포 홍어의 거리→영산포역→완사천→최석기가옥→학생운동기념관→동점문→금성관→목사내아→서성문→나주향교→금성산 옛길→금안동명촌마을→율정점에 이르며 총 45km, 소요시간은 15시간 30분이다.
- '풍류락도 영산가람길'과 옥정마을의 충주산방은 1.4km이내 거리에 위치해 있다.

● 그린로드 코스 소개

≫ 형제제연꽃길

- 그린로드인 형제제연꽃길은 7～8월에는 만발한 연꽃을, 꽃이 진 가을에는 무성한 억새와 갈대로 다채로운 경관을 이루는 길이다. 도보여행길에서 접근 시 백동제가기 전 중포1,2구 비석이 위치한 삼거리에서 길을 따라 백사보건진료소방면으로 접근한다. 큰 사거리에서 충주산방 이정표를 따라 충주산방에 도착을 한다. 충주산방에서 내려온 농로를 따라 곧장 길을 이어가며 우측방향으로 가면 세갈래의 농로가 나오는데 좌측으로 향한다. 진행방향 우측에 인삼밭과 과수농가 사이의 흙길로 접어들어 과수농가 창고를 지나 농로의 끝 우측에 형제제를 전망할 수 있는 길에 이르게 된다. 그 길을 따라 두 형제제(형, 동생)에 도착한다. 형제제가 접하는 왼편(동생)의 길은 350m에 이르며 소요시간은 6분가량이다. 이 길에서는 무수한 갈대 및 억새전경을 만끽 할 수 있다. 형제제 사잇길에서 우측(형)으로 길을 따라 방주교회 바로 전 삼거리에서 다시 우측으로 형제제를 둘러 정자를 지나면 충주산방 이정표가 보인다. 이정표를 따라 삼거리에 이르면 좌측의 길을 따라 다시 충주산방에 다다른다.
- 영산강변 자전거도로에서 접근 시 척포, 봉동 버스정류장을 지나 광활한 들판을 왼편에 두고 농로를 따라 형제제에 이르면 충주산방에 이르는 길과 그 곳에서 형제제에 이르는 길은 위와 같다. 충주산방은 다육식물화분, 도자기 등 다양한 볼거리를 즐길 수 있다.

기존 길사업
연결구간

척포노인정

버스정류장

형제제(동생)

옥정마을 찾아가는 길

무안 IC

학교사거리

동강교

옥정 마을

우습제

영산강

나주영상테마파크

후동사거리

공산교차로

나주시청

전남도청

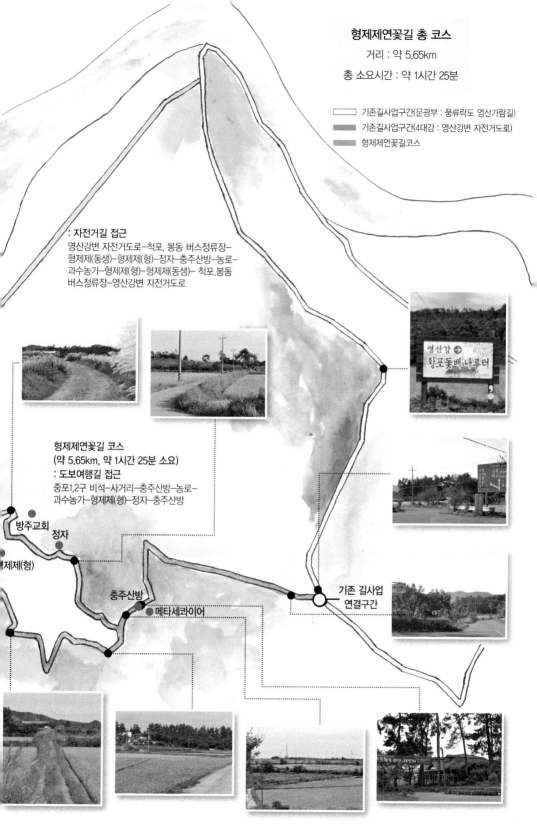

형제제연꽃길 총 코스

거리 : 약 5.65km

총 소요시간 : 약 1시간 25분

☐ 기존길사업구간(문광부 : 풍류락도 영산가람길)
▨ 기존길사업구간(4대강 : 영산강변 자전거도로)
▨ 형제제연꽃길코스

: 자전거길 접근
영산강변 자전거도로–척포, 봉동 버스정류장–
형제제(동생)–형제제(형)–정자–충주산방–농로–
과수농가–형제제(형)–형제제(동생)– 척포,봉동
버스정류장–영산강변 자전거도로

형제제연꽃길 코스
(약 5.65km, 약 1시간 25분 소요)
: 도보여행길 접근
중포1,2구 비석–사거리–충주산방–농로–
과수농가–형제제(형)–정자–충주산방

방주교회

정자

제제(형)

충주산방

메타세콰이어

기존 길사업
연결구간

옥정마을에 가면...

● 형제제연꽃길

봄
Spring

다육식물체험, 농촌문화체험, 도자기 체험

봄이 되면 개구리만 잠에서 깨는 건 아니다. 사람들도 겨우내 움직이고 일을 하지만 봄이 되면 뭔가 깨어나 움직이고 싶은 마음이 생긴다. 그런 봄에 비닐하우스 안에서 따뜻한 햇볕을 받으며 다육식물 화분을 만들어 본다면 더없이 한가하고 아름다울 것이다. 살이 통통하게 오른 것 같은 다육식물은 왠지 만져보고 싶고 푸근함이 느껴지는 친근한 식물이다. 먼 열대 지역에서 온 이국적인 식물들, 작은 화분에 담아 하나둘 집안에 놓아두면 정말 아름다운 것이 다육식물이다. 다육식물 체험은 년 중 가능하다. 비닐하우스를 벗어나 움직이는 일을 하고 싶으면 밭에 가서 감자를 심는 체험도 좋다.

Tip
다채꽃 축제

옥정마을은 채소종자를 얻기 위한 채종포를 하는 마을이다. 그것 때문에 여러 가지 채소를 많이 심는데 5월경에 꽃들이 핀다. 꽃들의 장관이라 함은 이걸 두고 하는 말일 것이다. 사실 우리들이 보고 먹는 채소는 식용으로만 접하기 때문에 꽃 핀 모습을 보기 어렵다. 그것도 여러 가지 채소꽃들이 그야말로 무지막지하게 피어나 꽃 나라를 만들어 놓은, 그 꽃 나라를 보기란 쉽지 않다. 아니 나주옥정마을에 와야 볼 수 있다.

여름 농촌문화체험, 도자기 체험, 다육식물체험,
트랙터 체험, 형제제연꽃구경

여름의 농사 체험은 정말 즐거운 일이다. 감자를 캐거나 옥수를 따기나 땡볕이 뜨겁기는 하지만 그 것들을 수확해 손에 넣으면 기쁨은 이루 말할 수 없다. 농사체험은 너무 수확에만 전념하지 말고 잠자리나 메뚜기 같은 곤충들도 구경하고 땅에 자라고 있는 풀들도 구경하면서 자연학습을 겸해 체험하는 것이 좋다. 옥수수가 어떻게 열리는지 감자는 어떻게 열리는지 유심히 들여다보면 모든 게 다 신기함이 있다. 옥정마을에서는 트랙터를 타고 소풍가는 체험이 있다. 트랙터를 타면 그 덜컹거림 때문에 비명이 절로 나온다. 차 바닥에 엉덩이 대고 앉았다가는 엉덩이 깨지기 십상이다. 그러니 트랙터 소풍은 요란스럽고 즐거울 수밖에 없다. 다만 안전 규칙은 꼭 지키기 바란다.

Tip
형제제연꽃

7월 중순에서 8월초에 이곳 저수지에 연꽃이 핀다. 연꽃 만개 시점에 맞춰 이곳을 방문하면 연꽃 구경은 덤으로 하고 체험을 즐길 수 있다. 연꽃은 크기가 무척 크지만 크게 느껴지거나 놀라움을 주는 것이 아니라 색깔과 꽃 자체가 풍기는 부드러움이 따뜻하고 가까이 가고 싶은 느낌을 준다. 연밥이라는 씨방이 특이하게 있어 꽃 자체가 묘한 매력이 있다.

가을
Autumn

농촌문화체험, 영상파크체험, 도자기 체험

농촌문화체험으로 고구마캐기, 옥수수따기 등을 가을에도 할 수 있다. 특히 벼 베기나 탈곡 체험을 할 수 있어 우리가 먹는 주식인 쌀에 대해 많은 것을 배울 수 있다. 혹시 기회가 되면 볏단으로 모닥불을 지펴 불꽃이 사라질 때쯤에 벼이삭을 그 위에 올려나 보라. 쌀알이 마치 팝콘처럼 폭폭 터지는데 재미가 있기도 하고 너무 예쁘기도 하고 먹으면 나름 맛도 있다. 옛날에 벼 이삭을 줍던 시절에는 먹을 것이라고는 농산물 밖에 없어 아이들이 그렇게 벼를 튀겨 먹기도 했다.

Tip
나주영상테마파크

나주영상테마파크는 드라마나 영화 촬영 세트장이기는 하지만 이곳에서 체험학습이 열리고 있다. 천연염색, 천연비누공예, 한지공예, 짚풀공예 등 많은 체험 프로그램이 있다. 천연염색이나 비누 등 이곳에서 하는 체험은 만들어서 가져갈 수 있으니 더없이 좋다. 과거로 돌아간 거대한 세트장에서 체험을 하는 느낌은 또 다른 즐거움이 있다. 주몽이 살던 시절에 이런 공예를 하지는 않았겠지만 그 시절에도 활을 만들고 칼을 만들고 장신구를 만들고 하는 공예는 했을 것이다. 그 시절 냄새가 나는 디자인을 만들어 보면 더 좋지 않을까 싶다.

■ **숙박시설 및 길안내**
예약 및 문의
노근진 010-7686-3851

겨울　**도자기 체험, 다육식물체험**

이곳의 도자기 체험은 특별하다. 황토도자기의 권위자인 노근진 작가의 지도 아래 이루어지기 때문이다. 흙으로 그릇을 만드는 일은 보기보다는 쉽지가 않다. 그러나 흙으로 그릇을 만들어 완성품을 본다면 신기하기 그지없다. 도자기 체험을 목적으로 간다면 뭘 만들건지 정해서 디자인까지 생각하고 가면 훨씬 만들기가 쉬울 것이다. 도자기 체험은 연중 시행하고 있으므로 언제든지 가능하다. 겨울에는 실내에서 하기 때문에 따뜻한 곳에서 그릇을 만드는 즐거움을 맛볼 수 있다. 세계적으로 그 명성이 나 있는 한국의 막사발이 이름없는 조선 도공의 작품이니 도자기 체험을 하면서 그 자부심을 가지고 좋은 작품을 만들어 보면 좋겠다. 또 어딜 가서 훌륭한 작가 선생님의 공방에서 지도를 받으며 도자기 체험을 할 수 있겠나. 다육식물은 추위에 약한 면이 있기는 하지만 겨울에 화분을 만들어 보는 것도 괜찮다. 어찌 보면 겨울하고 더 어울린다고 볼 수도 있기 때문이다.

Tip
황토도자기

황토는 통기성이 많고 거칠어 도자기 재료로는 적합하지 않다고 볼 수 있다. 철분량이 많은 것도 단점이다. 나주 옥정마을에서 도자기를 만들며 마을 일을 하는 노근진 작가는 이런 단점들을 보완한 황토소지를 개발해 강도가 높고 쉽게 깨지지 않는 황토 도자기를 만들 수 있게 했다.

길끝에서 만나는 어메니티

:: 나주목사 내아

나주시 금계동에 있는 나주목사 내아는 조선시대 목사가 살던 살림집이다. 요즘 표현으로 관사이다. 건물의 구조는 살림채이기 때문에 상류주택의 안채와 같은 평면을 이루고 있다.

건물 구성은 현재 본채와 문간채만으로 구성되어 있는데, 문간채를 본채와 20m의 거리를 두고 전면에 위치하고 있다. 건물은 ㄷ자형 평면으로 된 팔작집이다. 중앙은 전퇴를 둔 5칸으로 좌측으로부터 대청 3칸과 방2칸 순으로 꾸며졌다.

객사, 아문루, 내아가 함께 현존하고 있는 것은 관아 건축의 원형의 일부라도 알 수 있다는 점에서 중요한 의의를 지닌 건물이다.

:: 나주호

나주시 다도면에 있는 호. 야트막한 야산으로 둘러싸인 대초천을 가로막아 농업용수 개발, 농지기반 조성, 농가소득 증대 등의 목적으로 건설된 나주댐에 의해 조성된 호수이다.

이 댐은 작물성장에 알맞은 온도의 물을 공급하기 위하여 수면에서 3m 이내의 표면수 만을 취수할 수 있는 특수 취수탑이 설치되어 있는 국내 최대의 농업용 저수지이다.

이 호수에는 붕어 · 잉어 · 뱀장어 · 날치 등 어족 자원이 많고 다도면 불회사, 암정리의 운흥사 등 주변에 볼 것이 많다.

영산강 유역

홍고추, 이화(梨花)에 월백(月白)하다

송촌 홍고추마을 | 송촌산들길

마을로 들어서는 입구 대숲에서 바람이 손짓을 한다. 저 바람을 따라 대숲을 지나, 배밭을 지나면 금성산이 나올 것이다. 남도에는 마을과 마을을 잇는 길 따라 대숲이 있고 설화가 깃들어 있다. 전형적인 남도의 풍경을 간직하고 있는 홍고추마을에 들어서는 순간 마치 고향에 온 듯한 편안함이 느껴진다. 누구나 한번쯤 마음속에 그려봤을 그런 고향의 모습이라고 할까.

송촌산들길
송촌 홍고추마을

*전남 나주시 송촌동

홍고추, 이화(梨花)에 월백(月白)하다

광주 광산IC를 빠져나와 나주 방면으로 30여분이나 달려왔을
까. 광주 시가지를 벗어나자마자 도시와 농촌의 경계가 확연히
드러날 만큼 사뭇 분위기가 다르다. 시야를 가득 채우는 눈부신
황금, 황금빛깔들… 그 어떤 형용사로도 표현하지 못할 풍경들
이 펼쳐진다. 그래, 이럴 땐 그냥 화려한 색채를 뿌려놓은 낭만
주의 화가들의 그림 같다고 하는 게 좋겠다. 배꽃이 만연했던 지
난 봄의 기억이 아직도 머릿속에 생생한데, 나주의 산과 들엔 어
느덧 배 수확이 한창이다. 배나무 휘어진 가지마다 황금덩어리
를 매달고 있다. 사방 어디를 둘러봐도 온통 배나무밭이다. 나주
를 왜 배의 본산지라고 하는지 눈으로 직접 보고서야 알겠다.
동신대학교에서 우측 2차선도로로 접어들자 도로 양 옆으로 길
게 늘어선 메타세쿼이아나무가 하늘 높이 솟아 있다. 시원한 매
미소리에 묻혀 여름도 이제 막바지로 치닫고 있다. 메타세쿼이
아 그늘이 드리워진 저수지에 흰빛으로 퍼덕이는 왜가리 무리들
이 보인다. 백로가 노는 물이 더러울 리 없다. 하물며 백로 곁에
사는 사람들이야… 연화제라고 불리는 이 저수지를 끼고 들어가

면 송촌홍고추마을이 나온다. 배로 유명한 나주에서 홍고추마을이라는 이름이 붙은 이유가 의아해진다. 이 마을에는 조선시대 관리들이 묵고 가던 연화원이라는 여관이 있었는데 그 이름을 따서 마을 이름도 연화마을이었단다. 또한 땅이 비옥하고 곡식이 잘 자라 고라실이라고 불리기도 했단다. 아하, 그래서 저수지 이름이 연화제였구나. 그런데 왜 홍고추마을이지? 궁금증을 다독이며 발걸음을 옮긴다.

마을로 들어서는 입구 대숲에서 바람이 손짓을 한다. 저 바람을 따라 대숲을 지나, 배밭을 지나면 금성산이 나올 것이다. 남도에는 마을과 마을을 잇는 길 따라 대숲이 있고 설화가 깃들어 있다. 전형적인 남도의 풍경을 간직하고 있는 홍고추마을에 들어서는 순간 마치 고향에 온 듯한 편안함이 느껴진다. 누구나 한번쯤 마음속에 그려봤을 그런 고향의 모습이라고 할까. 그러나 결코 곤궁하지 않은, 넉넉한 어머니의 품속 같다고 해도 좋겠다. 벌써 수확을 끝낸 논은 미나리꽝으로 변해 있다. 따뜻한 기후 덕분에 이모작이 가능한 게 이 마을이 가진 장점이지만 그것은 어디까

지나 부지런함을 전제로 한다. 이 마을 농부들의 삶을 엿볼 수 있는 대목이다.

정보화센터 앞 비닐하우스에선 지금 한창 한라봉이 익어가고 있다. 제주도에서나 볼 수 있던 한라봉을 특화작물로 재배하고 있는 현장이다. '미래는 준비하는 자의 것이다'고 했던가. 잘 사는 농촌을 만들기 위한 농부들의 땀방울이 한 알, 한 알 꿈으로 익어가고 있다. 조생종 벼를 이용한 이모작 논농사와 미나리 그리고 나주 특산품인 배와 한라봉, 매실까지 고소득을 향한 노력은 끊임없이 계속되고 있다. 그런데 아무리 둘러봐도 고추밭이 보이지 않는다. 지금쯤이면 본격적으로 고추를 수확하고 있어야 하는데 어디에도 고추는 없다. 여기가 분명 홍고추마을이라고 했는데 고추는 온데간데없다.

"지금 고추 모종 심으려고 준비하고 있는데요?"

홍고추, 이화(梨花)에
월백(月白)하다
송촌 홍고추마을

● 송촌산들길

마을 안내를 해주던 젊은 사무장의 설명이다. 홍고추마을의 고추는 비닐하우스 시설재배란다. 해서 노지 고추와 다르게 보통 8~9월경에 모종을 심고 다음해 2월경에 수확을 하여 겨울철에 유통을 한다. 이 마을의 고추가 유명한 것은 친환경 저농약 인증을 받은 몇 안 되는 품질 때문. 생산량은 약 1,200톤 정도 되는데 거의 전량이 서울 가락동 농수산물시장으로 팔려나갈 만큼 품질을 인정받고 있단다. 홍고추가 이 마을의 가장 큰 수입원이라고. 귀농 5년차라는 젊은 사무장의 설명을 듣고서야 겨우 의문이 풀린다.

정보화센터 사무실에 앉은 사무장의 손놀림이 정신없이 바쁘다. 추석을 앞두고 밀려드는 나주배 주문에 눈코 뜰

새가 없단다. 홈페이지를 통한 인터넷 주문이 정보화마을 지정 이전보다 몇 배나 뛰었다고 자랑이 대단하다. 바쁜 농촌, 세상과 소통하는 농촌, 잘 사는 농촌이 멀지 않다. 그때가 되면 저렇듯 젊은 농부의 얼굴에도 웃음꽃이 배꽃처럼 만발할 것이다.

이화(梨花)에 월백(月白)하고 은한(銀漢)이 삼경(三更)인 제
일지춘심(一枝春心)을 자규(子規)야 아랴마난
다정(多情)도 병(病)인 양하야 잠 못 드러 하노라

하얀 배꽃 밝은 달밤 은하수는 한밤인데
아직 남은 푸른 내 맘 소쩍새가 어찌 알까
정 많음이 병이라서 잠 못 들고 뒤척이네
                    -이조년 「다정가(多情歌)」

송촌산들길 느리게 걷기 逍遙

● 연계 가능한 도보여행길 소개

》 풍류락도 영산가람길

- 2010년 문화체육관광부에서 선정한 문화생태탐방로인 '풍류락도 영산가람길'은 영산강을 따라, 역사와 문화, 삶과 이야기를 함께 만나는 길로 남도전통문화의 중심지인 나주의 전통과 현대를 만날 수 있다.

- 주경로는 자미산 망대→국립나주박물관→신촌 및 덕산리 고분군→금사정 동백나무→영상테마파크→금강정→영산나루탐방로→다야뜰생태공원→죽산보→영산강 뚝방길→복암리 고분군→복암리고분전시관→잠애산 오솔길→천연염색 문화관→회진성→영모정→구진포의 장어의 거리→미천서원→영산포 홍어의 거리→영산포역→완사천→최석기가옥→학생운동기념관→동점문→금성관→목사내아→서성문→나주향교→금성산 옛길→금안동명촌마을→율정점에 이르며 총 45km, 소요시간은 15시간 30분이다.

- '풍류락도 영산가람길'의 종점과 송촌홍고추마을 입구는 300m이내 거리에 위치해 있다.

● 그린로드 코스 소개

》 송촌산들길

- 그린로드인 송촌산들길은 풍류락도 영산가람길, 삼남대로 옛길, 영산강변 자전거도로와 인접해 있다. 도보여행길에서 접근 시 종점인 율정점에서 송촌홍고추마을 입구를 지나 삼남대로 옛길로 접어든다. 삼남대로 옛길 우측에 펼쳐진 들판이 모두 벼, 미나리 이모작을 하는 부지이다. 삼남대로 옛길과 농로가 만나는 삼거리에서 농로를 따라 마을길로 접어들어 정보화센터에 이른다. 정보센터 앞 마을정자를 지나 우측 농로를 따라가면 250년된 보호수를 만날 수 있으며 보호수를 지나 농로 왼편에 1m가량의 다리를 건너 낮은 풀이 자란 흙길과 마을길을 지나면 연화제에 이른다. 연화제는 조선시대 연화원이 있었던 곳으로 자연 그대로의 생태계 모습을 간직한 저수지이다. 연화제를 지나 송촌홍고추마을 입구에서 왼쪽의 길을 따라 율정점에 도착한다.

- 영산강변 자전거도로에서 접근시 자전거도로를 내려와 송현노인정–석현삼거리–석현3구회관을 지나 송촌홍고추마을 정보화센터에 이른다. 이후 정보센터~송촌홍고추마을 입구에 이르는 코스는 같으며 입구에서 우측의 삼남대로 옛길을 따라 농로와 만나는 삼거리에서 농로를 따라 마을길로 접어든다. 이 후 돌아가는 길은 같다.

금성산
산림욕장
조성중

송촌 홍고추마을 찾아가는 길

함평		홍고추마을			송정공원역	
	석현 삼거리		본덕교차로			서창 IC (광주광역시)
나주 시청			영산강			

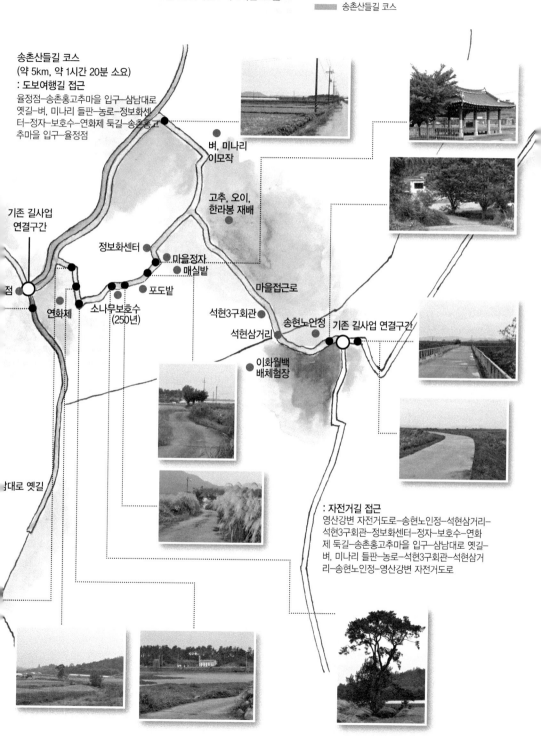

송촌산들길 총 코스

거리 : 약 5km

총 소요시간 : 약 1시간 20분

기존길사업구간(문광부 : 풍류락도 영산가람길)
기존길사업구간(자지체 : 금성산 산림욕장(조성중))
기존길사업구간(4대강 : 영산강변 자전거도로)
삼남대로 옛길
송촌산들길 코스

송촌산들길 코스
(약 5km, 약 1시간 20분 소요)
: 도보여행길 접근
율정점－송촌홍고추마을 입구－삼남대로
옛길－벼, 미나리 들판－농로－정보화센
터－정자－보호수－연화제 둑길－송촌홍고
추마을 입구－율정점

벼, 미나리
이모작

고추, 오이,
한라봉 재배

기존 길사업
연결구간

정보화센터

마을정자
매실밭

점

연화체

소나무보호수
(250년)

포도밭

마을접근로

석현3구회관

석현삼거리

송현노인정

기존 길사업 연결구간

이화월백
배체험장

대로 옛길

: 자전거길 접근
영산강변 자전거도로－송현노인정－석현삼거리－
석현3구회관－정보화센터－정자－보호수－연화
제 둑길－송촌홍고추마을 입구－삼남대로 옛길－
벼, 미나리 들판－농로－석현3구회관－석현삼거
리－송현노인정－영산강변 자전거도로

송촌 홍고추마을에 가면...

● 송촌산들길

봄 **배꽃축제**

Spring

배꽃의 아름다움은 예전부터 노래돼 왔었다. 눈이 배꽃만큼 예쁘게 내린다면 세상이 달라졌을지 모른다. 배꽃 구경은 특히 밤에 해야 되는데 그래야 그 아름다움을 제대로 볼 수 있기 때문이다. 하늘에 달이 떠 있다면 금상첨화일 것이다. 너무나 하얘 눈부신 빛이 나는 배꽃, 그 배꽃 뒤에 황금색 배가 열릴 것을 생각하면 경이롭기도 하다.

홍고추마을은 지금 배꽃 축제를 꿈꾸고 있다. 축제가 열리게 되면 배꽃 구경은 더 즐거워 질 것이다. 홍고추마을에 미나리와 고추가 자라고 있으니 음식의 좋은 양념이 준비돼 있는 셈이다. 그러면 축제에 빠질 수 없는 음식의 맛이 좋을 테고 푸짐할 것이다. 그러니 지상에 핀 배꽃이 하얗게 빛난다면 입안에 피는 남도음식 맛은 달콤하게 빛날 것이다. 그 아름다운 축제가 봄에 열릴 것이다. 저수지 연화제에 배를 띄울 수 있다면 그 풍류를 무엇과 비교하겠는가. 또 배가 없으면 어떤가. 연화제 둘레를 배를 탄 듯 걸으면 되지. 낮에는 금성산 걷기를 하면 배꽃만큼이나 구경을 하게 될 것이다.

여름 매실따기, 매실액담그기, 감자캐기,
1박2일체험(금성산걷기, 고추기르기, 수생생태) 배나무분양받기

매실 열매는 작은 복숭아 같다. 복숭아처럼 세로줄이 하나 나 있어 그 모양이 비슷해 복숭아의 어릴 적 모습과 흡사하다. 매실은 꽃이 필 때는 매화나무, 열매가 열릴 때는 매실나무로 불리는 나무다. 매실의 효능은 이제 널리 알려져 많은 사람들이 여러 가지 측면에서 활용하고 있다. 그 중에서 아주 간편한 것이 매실 액 담그기인데, 이렇게 간편한 것에 비해 그 효능은 아주 좋다. 특히 아이들에게는 여름철 더위를 잊게 해 주는 음료로 더없이 좋다. 인스턴트 음식에 비하면 거의 황금 물을 마시는 게 아닐까 싶다. 그렇게 복용한 것이 겨울철까지 효과가 있어 감기예방에도 효과가 있다.

배나무를 분양 받으면 가을에 아주 좋은 배를 수확할 수 있다. 시간이 없을 경우 농장에서 배나무관리를 다 해주지만 분양받은 후 가끔씩 배나무 구경을 가고 배가 크는 것을 본다면 굉장한 즐거움이 될 것이다. 1박2일 체험으로 금성산걷기, 고추기르기, 수생생태체험을 할 수 있다.

가을
Autumn

1박2일 체험(금성산걷기, 고추기르기, 수생생태체험), 포도따기체험,
고구마캐기, 한라봉재배하우스구경

수생생태체험은 저수지 연화제에서 이루어지는데 아이들과 함께 자
연과 수생식물의 생태를 배울 수 있는 체험활동이다. 연화제에 가까
이 가면 개구리, 잠자리, 소금쟁이, 딱정벌레 등과 같은 곤충들과 물
옥잠, 갈대, 여뀌 등 식물들을 바로 접할 수 있게 된다. 이것들에 대
한 자세한 설명과 함께 관찰, 채집을 할 수도 있다. 특히 연화제에는
천연기념물로 지정된 왜가리가 많이 서식하고 있어 아이들에게 또 다
른 즐거움을 줄 수 있다.

금성산 걷기 체험은, 걷는 것을 많이들 얘기하지만 진정한 걷기는 많
이 걸어보고 걷기의 즐거움을 몸으로 느껴야지만이 걷기라고 할 수
있는데 그 즐거움을 짧은 시간에 느낄 수 있는 길이 아닌가 싶다.

고추기르기 체험은 홍고추 쇼를 볼 수 있다고 해야 하나. 홍고추마을
은 고추시설재배를 하기 때문에 잘 정렬된 과학적인 고추재배현장을
볼 수 있고 눈에 다 들어오지도 않은 열린 고추들, 박스 속으로 담기
는 빨갛게 익은 고추들의 행렬을 보면 고추가 다시 보일 것이다.

포도따기 체험은 포도 덩굴 밑에 들어가 포도를 따기 때문에 그 느낌
이 남다르다. 이곳에는 한라봉도 재배하니 구경해 볼만하다.

Tip
왜가리

한국에서는 흔한 여름새이며 번식이 끝난 일부 무리는 중남부 지방에서 겨울을 나기도 하는
텃새이다. 못·습지·논·개울·강·하구 등지의 물가에서 단독 또는 2~3마리씩 작은 무
리를 지어 행동한다. 침엽수·활엽수림에 집단으로 번식한다. 중대백로와 섞여 번식 집단을
이루거나 단독으로 무리를 짓는다. 수컷은 둥지 재료를 나르고 암컷이 둥지를 튼다.
백로와 함께 집단으로 찾아와 번식하는 곳을 천연기념물로 지정하여 보호하고 있다.

겨울 *마을 여행*

겨울에 이루어지는 체험프로그램은 없지만 마을 여행은 해볼 만하다. 저수지 연화제에는 갈대가 지난 계절의 추억들을 나부끼고 있고, 그저 흰 비닐하우스가 황량해 보일지 몰라도 그 안에는 홍고추들이 불타고 있다는 것을 안다면, 그것을 눈으로 본다면 세상의 비밀을 하나 열어 본 듯 한 감탄을 하게 될 것이다. 겨울 찬바람을 녹색으로 변신시키는 미나리꽝을 구경하고 마을에서 나와 금성산을 오른다. 겨울 사찰을 방문하고 산길을 걸으면 어느새 땀이 나 잠시 겨울을 잊어버린다.

Tip
금성산

나주시의 진산이며 노령산맥의 동부맥이다. 산의 모습이 서울의 삼각산과 같다하여 소경이라고도 불리며 동쪽으로 무등산을, 남쪽으로는 월출산을 마주보고 있다.

산 정상에 후백제의 견훤이 지금의 광주광역시인 무진주를 근거로 하여 고려 왕건과 이 산에서 접전을 벌였다는 사적지인 금성산 성지가 있다. 현재 이곳은 출입할 수 없으며 산 주위에는 다보사, 심향사, 태평사 등의 사찰이 남아 있다. 또한 이 산은 녹차와 난으로 유명한 곳이기도 하다.

■ 숙박시설 및 길안내

＊민박

예약 및 문의
정수필 010-3608-1937, 061-333-0126

홈페이지 **www.scrp.invil.org**

길끝에서 만나는 어메니티

:: 반남고분군

나주시 반남군 자미산을 중심으로 총 34호분으로 이루어져있다.

반남 고분군에는 대형옹관고분 수십 기가 분포하고 있다. 대형옹관 고분이란 지상에 분구를 쌓고 분구속에 시신을 안치한 커다란 옹(항아리)를 매장하는 방식이다. 이 고분 양식은 고구려의 적석총, 백제의 석실분, 신라의 적석목곽 분등과 구별되는 영산강 유역 고대사회의 독특한 고분 양식이다.

:: 나주영상테마파크

나주시 공산면 신곡리에 조성된 국내 최대 규모의 영상전문 테마공원이다. 고구려 · 백제 · 신라의 삼국시대를 배경 으로 한 드라마와 영화 촬영을 위한 오픈세트이자 삼국시대 민속촌으로 기획되었다. 한민족의 역사와 문화를 체험 하는 장소로 제공된다. 드라마 주몽, 태왕사신기의 촬영장소이기도 하다. 철기방, 신단, 해자성문, 목책성루, 초가 저 잣거리와 기와 저잣거리, 태자궁, 연못궁, 영상체험관, 탁본체험관 등이 있다.

:: 나주배 박물관

나주 금천에 위치해 있다. 자생종배와 재배종옛품종, 배나무 관련 고서적, 배를 이용한 음식, 농기구 등이 전시되어 있다.

나주배의 역사와 변천과정, 보관방법, 재배기술 등을 한눈에 볼 수 있으며, 나주배의 사계절 코너와 과수원 전경 등 배와 관련된 많은 자료들을 전시하고 있다.

섬진강 유역

하, 거북이 오래 사는 이유는?

거북 장수마을 | 거북장수길

종갓집 옆 대모정이라는 우물에서 목을 축인다. 물맛이 깊고
은은하다. 이 마을 사람들은 새해가 되면 제일 먼저 이 우물
의 물을 마시는 풍습이 있단다. 거북장수마을이 전국 10대
장수마을인 이유는 다 이 우물물 때문이라고 한다. 그만큼
물이 좋다는 말이렷다. 이 우물의 유래가 고려 말엽이라고
하니 거북장수마을의 희로애락을 함께해온 산증인이라고 해도
틀린 말은 아니리라. 한옥 뒤뜰에서 익어가는 매실 냄새에
이끌려 대갓집 문지방을 넘는다.

거북장수길

거북 장수마을

* 전북 순창군 동계면 구미리

하, 거북이 오래 사는 이유는?

어디가 물이고 어디가 하늘인가. 거대한 거울 위에 들어앉은 듯 옥정호 푸른 물빛에 자꾸 길을 놓친다. 섬진강 발원지인 진안 데 미샘에서 흘러온 물들이 모여 옥빛을 내뿜고 있다. 올 여름 유난 히 많은 비가 내렸는데도 옥정호는 티끌 하나 없이 맑고 푸르기만 하다. 오죽이나 물이 맑고 푸르렀으면 옥정(玉井)이라 했을까. 신 선한 공기와 상쾌한 바람을 가르며 무릇 사람과 자연은 하나라는 말을 다시금 되새긴다. 이곳에서 살아가는 사람들의 표정이 순수 한 건 자연을 닮았기 때문이리라.

옥정호의 물을 담수하고 있는 댐이 섬진강댐이다. 조선 중기 한 스님이 이곳을 지나다가 '머지않아 맑은 호수, 즉 옥정(玉井)이 될 것'이라고 했던 예언이 현대에 와서 들어맞을 줄이야… 섬진 강 물줄기를 따라 살아 움직이는 듯한 기암괴석이 눈길을 잡아끈 다. 영화 〈아름다운 시절〉의 촬영지로 유명해진 장군목이다. 특 히 요강처럼 생긴 요강바위는 이곳의 명물이다. 섬진강의 때 묻지

않은 자연과 아름다움을 만끽하며 길을 재촉한
다. 장군목을 지나 강을 따라 조금 더 들어가면
무량산 품에 포근히 안긴 마을이 있다.

이곳이 바로 순창군 동계면 구미리 거북장수마을
이다. 남원 양씨 집성촌으로 더 많이 알려진 이
마을은 지금도 주민의 90% 이상이 같은 혈통을
유지하고 있다. 거북이가 꼬리로 진흙을 끌고 가
는 형체의 지형이라 해서 귀미(龜尾), 오늘날의
구미가 되었다. 그런데 이상하게 마을 입구의 거
북바위에는 머리가 없고 거북의 몸통만 덩그러
니 남아있다. 어디로 사라졌을까? 전설에 의하면
옛날 사람들은 거북바위의 꼬리 쪽이 흥(興)하고

머리 쪽이 망(亡)한다고 믿었단다. 그런데 하필 머리 쪽에 취암사라는 절이 있었단다. 해서 그 절의 승려들이 바위를 옮기자고 했고, 그 다툼의 와중에 승려들이 거북바위의 머리를 잘라 버렸단다. 머리가 없으면 어디가 꼬리인지 알 수 없을 것이라고 여겼던 것이다.

육백년의 역사를 가진 남원 양씨 집성촌답게 이 마을은 전통이 잘 보존되어 있는 농촌마을이다. 입구에 떡하니 버티고 서있는 아름드리 당산나무가 마을의 내력을 말해주듯 깊고 푸른 그늘을 드리우고 있다. 보물 제725호로 지정된 〈홍패·백패〉가 보관되어 있다는 종갓집을 향해 돌담길을 걷는다. 이 돌담길이야말로 그린로드로 개발, 보존해야할 소중한 유물이 아닐까. 돌담은 바람의 길이자 소리의 길이다. 돌담 틈 사이로 들여다보이는 전통한옥의 마당이 고적하기만 하다. 고려시대 것으로는 단 3점밖에 남아있지 않다는 홍패(과거시험에 합격한 사람에게 주는 일종의 합격증서)는 이 마을의 자랑이다. 하지만 진본은 도난 우려가 있어 전주박물관에 위탁, 전시되

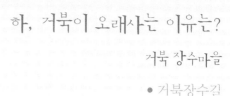

어 있단다. 사본을 보는 것으로 아쉬움을 달랜다.

종갓집 옆 대모정이라는 우물에서 목을 축인다. 물맛이 깊고 은은하다. 이 마을 사람들은 새해가 되면 제일 먼저 이 우물의 물을 마시는 풍습이 있단다. 거북장수마을이 전국 10대 장수마을인 이유는 다 이 우물물 때문이라고 한다. 그만큼 물이 좋다는 말이렷다. 이 우물의 유래가 고려 말엽이라고 하니 거북장수마을의 희로애락을 함께해온 산증인이라고 해도 틀린 말은 아니리라. 한옥 뒤뜰에서 익어가는 매실 냄새에 이끌려 대갓집 문지방을 넘는다. 과객을 반기는 할머니의 얼굴에서 인정이 느껴진다. 몇 년 묵은 고추장은 이 마을에서 덤으로 얻을 수 있는 즐거움이다. 이 마을에서 나는 모든 장들은 모두 대모정 우물물로 담근다고 하니 그 맛이 오죽할까. 장독대 옆에만 서도 저절로 배가 부르다.

거북장수마을은 전통한옥에서 장 담그기 체험을 할 수 있고, 엿 만들기도 할 수 있단다. 또한 매실이 열릴 무렵이면 매실 따기 및 매실장아찌 담그기와 무량산 주변에서 밤을 직접 수확하는 등 다양한 체험을 할 수 있다. 그러나 무엇보다 저렴한 가격으로 한옥 홈스테이를 경험할 수 있다는 것이 이 마을의 매력이라 할 수 있겠다. 마을 앞을 흐르는 섬진강변을 따라 장군목까지 이어진 둘레길을 걸으며 사색의 시간을 갖는 것은 말 그대로 덤이다. 구암정에 올라 선비의 풍류를 느껴보는 것도 빼놓을 수 없는 즐거움이다. 옥정호 푸른 물빛에 취해 무작정 뛰어들지만 않는다면 말이다.

거북장수길 느리게 걷기 逍遙

● 연계 가능한 도보여행길 소개

》 섬진강길

- 2011년 문화체육관광부에서 선정한 문화생태탐방로인 '섬진강길'은 섬진강변의 갈대와 억새, 정자 등 아름다운 경관 뿐만 아니라 강변에 얽힌 설화, 문학 마을 길, 추억의 기차길, 벚꽃 나무길과 연계하여 다채로운 이야기와 풍광이 있는 길
- 섬진강 문학마을길은 강진공용버스터미널–강진댐–덕치면사무소–덕치초교–물우리–김용택시인마을–천담마을 구담마을–회룡마을–장구목–요강바위–구미교–구암정–어은정–적성교–향가로 거리 40km, 소요시간은 10시간이다. 섬진강 기차길은 향가–곡성기차마을–가정역–압록역으로 거리 35km, 소요시간은 8시간이다. 섬진강 꽃길은 압록역–다무락마을 구례교–동해마을 문척교–수달생태보호구역–토지면사무소로 거리 13km, 소요시간은 6시간이다. 섬진강길은 총 3개 코스로 총 88km, 소요시간은 24시간이다.
- 3개 코스 중 섬진강 문학마을길은 거북장수마을을 지나지는 않으나 마을과의 거리는 500m이내에 위치해 있다.

》 예향천리 마실길

- 순창군 내에서 조성한 예향천리 마실길은 적성면 구남교~동계면 구암정~적성면 강경마을~북대미에 이르며 1코스(적성면 강경마을 입구–구미교–구암정–데크 길–어은정–구남교, 4km, 왕복 2시간), 2코스(적성면 강경마을 입구–강경마을–임도–세목재 갈림길–드무소골, 4.5km, 왕복 2시간 20분), 3코스(드무소골–현수교–생태학습장–북대미–적성면 강경마을 입구, 5km, 왕복 2시간 30분), 4코스(구미교–강경마을 입구–세목재 갈림길–은적골–도왕마을–세룡마을 입구 둔기마을 입구–내월마을 입구–21번 국도–구미교, 11.8km, 3시간)의 총 4개 코스로 이루어져 있다.
- 예향천리 마실길은 섬진강변을 따라 들어서 있는 갈대, 억새, 평야, 산 등이 어우러진 아름다운 경관과 여러 마을과 연결되는 임도 및 길을 품는 산과 물의 풍광을 함께 느낄 수 있는 길이다.
- 예향천리 마실길은 거북장수마을을 지나지는 않으나 마을과의 거리는 600m 이내에 위치해 있다.

● 그린로드 코스 소개

》 거북장수길

- 거북장수길은 섬진강길과 예향천리 마실길이 접하는 구미교에서 시작한다. 구미교를 지나 21번국도(북쪽방향)를 따라가면 거북바위가 위치해 있다. 거북바위를 지나 열부이씨지려와 거북장수마을센터 사이의 마을길을 따라 올라간다. 마을길 초입에서 우측방향으로 남원양씨종가집과 체험장을 지나 용동마을 인근 사거리에서 좌측방향의 아기자기한 돌담길을 따라간다. 길을 따라 가다보면 갈래길이 나오는데 좌측의 큰 은행나무가 있는 길을 따라 대모정으로 향한다. 대모정은 정비가 잘 되어있어 한모금 목을 축이고 다시 길을 오른다.
- 대모정을 지나면 마을 뒤 산책로로 이어진다. 산책로에는 등산객들의 리본표식이 되어 있어 표식을 따라 계속하여 길을 오른다. 오르다보면 길의 진행방향을 가로지르는 등산로와 왼편에 묘지가 있으나 지나쳐서 길을 이어나간다. 여기서부터는 내리막길인데 우측에 작은 계곡을 끼고 밤나무가 많은 길을 따라 내려간다. 계속하여 내려가면 흙길이 끝나고 다시 포장된 길이 나오는데 왼쪽 소로를 따라가면 저류지를 만날 수 있다. 다시 돌아와 포장된 길을 따라 내려오면 구미제에 이른다. 그대로 21번 국도를 따라 거북장수마을센터 방향으로 길을 걸으면 우측에 용동마을의 노거수 및 쉼터가 보이고 노거수 및 쉼터를 지나면 왼편에 효자비가 눈에 들어온다. 효자비를 지나 거북장수마을센터에 도착을 한다.

거북 장수마을 찾아가는 길

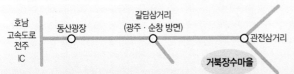

호남
고속도로
전주
IC
— 동산광장 ○ — 갈담삼거리 ○ (광주·순창 방면) — ○ 관전삼거리

거북장수마을

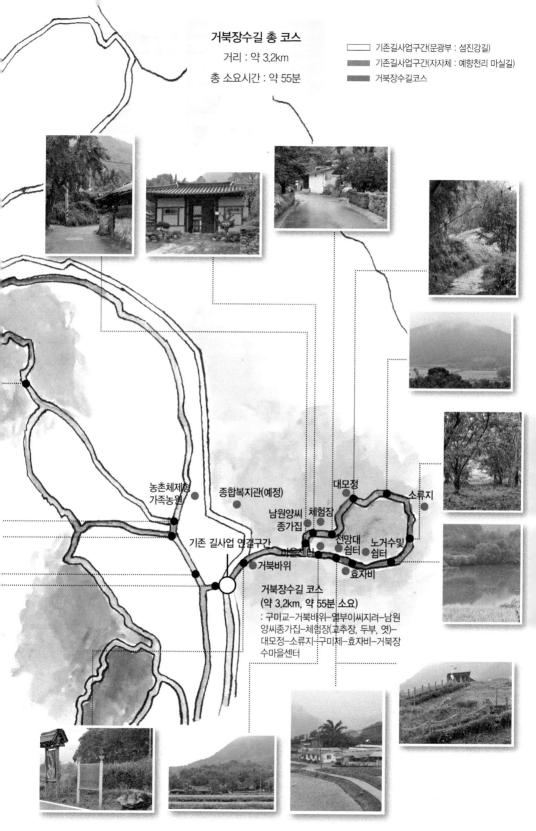

거북장수길 총 코스

거리 : 약 3.2km

총 소요시간 : 약 55분

기존길사업구간(문광부 : 섬진강길)
기존길사업구간(자자체 : 예향천리 마실길)
거북장수길코스

농촌체제형
가족농원

종합복지관(예정)

대모정

소류지

남원양씨
종가집

체험장

전망대
쉼터

노거수밑
쉼터

기존 길사업 연결구간

마을센터

거북바위

효자비

거북장수길 코스
(약 3.2km, 약 55분 소요)
: 구미교-거북바위-열부이씨지려-남원
양씨종가집-체험장(고추장, 두부, 엿)-
대모정-소류지-구미체-효자비-거북장
수마을센터

거북 장수마을에 가면...

● 거북장수길

봄

Spring

파종하기, 과실나무가지치기, 매실꽃따기, 우마차타기, 산나물 채취

과실나무 가지치기(전정)나 꽃따기(적화)는 열매가 잘 열리도록 하
는 농사 과정이다. 가지치기는 열매가 열리는 가지의 모양을 잘 잡
아줘야 수확하기도 좋고 열매도 잘 열리기 때문에 하는 것이고 꽃
따기도 너무 많은 꽃에 열매가 열리면 과실이 작아지기 때문에 적
당히 열리도록 따 주는 것이다. 농사는 이렇게 하나 하나 돌봐줘야
잘된다. 농사체험은 단순히 작업을 하기 보다는 그 이유를 알면 굉
장히 과학적이고 논리적이라는 것을 알 수 있다.

우마차 타기는 낭만적인 체험이다. 옛날에는 길을 가다가 우마차를
얻어 타기도 했는데 풍경을 구경하며 천천히 이동한다는 것은 자동
차와는 완전 다른 맛이 있다.

여름　트래킹, 족대잡이, 다슬기잡기, 사물놀이, 백일홍경관, 자전거타기

도시에 살면 가장 접하기 어려운 것이 강에서 노는 것이다. 섬진강에서 다슬기를 잡고 물놀이를 하고 족대잡이나 수생생물을 관찰하는 것은 더없이 좋은 경험이다. 여름에 거북장수마을을 방문하면 잘 가꾸어진 백일홍 나무들이 꽃을 피워 반기는 보너스가 있다. 백일홍은 배롱나무의 다른 이름인데 100일 동안 꽃이 핀다 해서 백일홍이라 부른다. 백일홍은 꽃도 좋지만 나무도 그 모양이나 외관이 좋아 눈으로 체험하는 풍경으로 그만이다.

사물놀이 체험은 우리 악기를 배우고 음악을 연주하는 것이니 누구든지 꼭 체험해 봐야 할 것이다. 합주를 하는 것이라 다른 사람과 마음이 통해야 되고 우리 가락과 흥을 느낄 수 있는 좋은 체험이 될 것이다.

가을
Autumn

자전거 하이킹, 밤따기, 쌀엿만들기, 오디 수확, 복분자 수확, 두부만들기

가을 속으로 자전거를 타고 들어가면 멀리 숲은 푸근하게 단풍이 들어 그 위로 팔베개를 하고 눕고 싶은 충동을 준다. 자전거 바퀴가 굴러가는 길은 배롱나무처럼 구불거리고 그 길을 가다가 자전거를 툭 버리고 오디나 복분자 수확 체험을 해보라. 먹보라 열매를 실컷 먹고 먹보라 색으로 물든 이빨을 툭 튀어 나오도록 웃어본다면 가을이 거기 있을 것이다.

두부 만들기는 언제보아도 신기하다. 간수를 부으면 몽글몽글 살아 움직이는 콩물들 그리하여 환생하는 두부, 또는 순두부, 비지. 두부 만들기는 체험을 떠나기 전에 두부에 대한 다른 정보를 알아가 시험해보는 것도 좋을 것 같다. 시중에서 팔지 않는 시금치, 두부 같은 것을 만들어 보는 것도 좋을 것 같다.

엿만들기는 식혜를 달여 조청이 만들어지면 그것을 계속 잡아당겨 늘인다. 그러니까 수타 면 뽑듯이 하는 건데 물론 밀가루 반죽처럼 쉽게 늘어나지는 않는다. 계속 잡아 늘이고 합치고 늘이고 하면 갈색이었던 조청이 흰색 엿으로 변한다. 엿을 먹을 때는 엿치기라는 게임이 있다. 엿을 딱 부러트렸을 때 젤 큰 구멍이 있는 엿이 이기는 것이다. 진 사람이 엿 값 내는 게임이다.

Tip
거북바위_ 마을입구의 거북바위는 풍수상 거북이가 꼬리로 진흙을 끌고 가는 형국이 되었다하여 상징물로 놓여진 것이다. 전해지는 얘기로는 마을에서 취암사 승려들과 분쟁이 있어 취암사 승려들이 거북바위의 머리를 잘라버려 오늘날까지 전해져 내려오고 있다고 한다.

겨울　소여물죽만들기, 짚풀공예, 새끼꼬기, 가마니(덕석)만들기, 숨바꼭질

집집마다 소를 키우던 시절엔 소여물죽 끓이는 게 큰 일이었다. 쌀쌀한 날에 김이 무럭무럭 나는 쇠죽을 끓여 그야말로 식구에게 밥을 주는 것이었다. 요즘 농장의 소들은 이런 밥을 먹어보지 못한다. 체험관에서 짚으로 하는 공예는 또 다른 세계를 맛 볼 수 있다. 매일 같이 프라스틱을 만지던 손에 자연산 짚이 쥐어 쥐고 풀이나 본드 없이 매듭과 꼬임으로 물건을 만들어내면 그 기쁨이 상당하다. 그리고 사실 감자와 고구마는 겨울에 구워 먹어야 제 맛이다. 모닥불을 좀 태워서 그 속에 감자나 고구마를 넣어 구워 먹으면 그 맛은 상상을 초월 할 것이다. 그리고 나서 숨바꼭질을 해보라. 시골에서 하는 숨바꼭질은 도시 놀이터에서 하던 것과 차원이 다르다.

■ 숙박시설 및 길안내
체험관에 숙박시설이 있고 민박집이 5가구 있다.
예약 및 문의
양진엽 011-9644-4372

홈페이지 **www.gumigeobuki.go2vil.org**

길끝에서 만나는 어메니티

∷ 장군목

섬진강 최상류에 해당하는 장군목유원지에는 맑고 깨끗한 강물 위로 수만 년 동안 거센 물살이 다듬어 놓은 기묘한 바위들이 약 3km에 걸쳐 드러나 있는데 마치 용틀임을 하며 살아 움직이는 듯한 형상을 지니고 있다. 그중 강물 한가운데에 자리 잡고 있는 '요강바위' 라는 바위가 아주 유명하다. 영화 "아름다운시절" 의 촬영지이기도 하다.

∷ 강천사

신라 51대 진성여왕 원년(887년)에 풍수지리설을 우리나라에 최초로 소개한 도선국사가 보광전, 첨성각 등 사찰을 창건하였으며 그 후 고려 27대 충숙왕 3년(1316년)에 덕현선사가 오층석탑을 세우고 중창하여 사찰이 크게 번창하였으나 임진왜란(1596년) 때에 사찰건물과 연대암 등 12암자가 소실되었다.

∷ 회문산 자연휴향림

회문산의 구림면 안정리 뒷산인 장군봉 아래 87만 평에 조성된 자연 휴양림으로 빼어난 절경과 역사의 현장으로 전국적으로 관광객이 찾아온다.
회문산 주봉으로 가장 오르기 쉬운 안정리로부터 3시간 걸리는 5.5km의 험한 바위길과 울창한 숲속을, 도로를 개설하여 휴양림으로 조성하였다.

∷ 구암정

조선초기 인물인 구암 양배를 기리기 위해 후학들이 세운 것이다. 양배는 몇 차례 사화를 겪으며 선비들이 화를 당하자 벼슬을 버리고 아우 돈과 함께 적성강 상류(장군목) 만수탄에서 세상을 등지고 살았다. 만수탄에 형제가 앉았던 바위가 있고 적성면 지계사는 위패를 모셨던 곳이다. 선인의 발자취를 따라가 보는 것도 괜찮을 것 같다.

섬진강 유역

도선국사가 천년 장수마을에 간 까닭은?

상사마을 | 상사청정길

지리산둘레길 구례 제3구간 샘골에서 상사마을에 이르는 길은 비교적 완만하고 시골 풍경의 정취를 제대로 느낄 수 있는 구간이다. 그 마지막 구간을 유지, 관리하고 있는 상사마을에 들러 탐방객들은 천하제일 약수로 원기를 회복하고 힘을 비축해 다음 행선지로 향한다. 탐방객들과 어울려 상사마을 구간을 걸어본다. 드문드문 보이는 자생 차나무와 3만여 평에 이르는 녹차밭은 덤으로 얻을 수 있는 즐거움이다.

상사청정길

상사마을

＊전남 구례군 마산면 사도리

도선국사가 천년 장수마을에 간 까닭은?

千年古里 甘露靈泉, 飮此水者 壽皆八旬

"천년된 마을에 이슬처럼 달콤한 신령스러운 샘이요, 이 물을 먹은 사람은 팔십 이상의 수를 할 것이다"

구례상사마을 입구에 있는 당몰샘에 새겨진 옛 문구가 예사롭지 않다. 당몰샘은 신라시대부터 물맛이 좋기로 이름난 샘이었다고 한다. 화엄불국 연화장세계를 설파하던 도선국사가 지리산 화엄사에 거의 다다르기 전 필시 목이 말랐겠다. 제 아무리 고승이라도 목마름은 참을 수 없는 법. 주변을 둘러 마실 물을 구하던 중 머리카락이 까만 한 노인이 샘물을 마시고 있었겠다. 하여 물을 떠서 마셔본 즉 그 맛이 가히 천하제일이라 할 만큼 달고 깊었겠다. '어허! 지리산 정기가 이 샘에 다 고여 있도다!' 도선국사의 입에서 저절로 탄성이 쏟아졌겠다. 그 모습을 지켜보던 머리카락 까만 노인이 좋아라 웃으며 아이처럼 깡충깡충 금세 마을로 사라졌겠다. '신기하도다, 신기하도다. 저것이 어찌 노인의

발걸음이란 말인가' 도선국사가 그 자리에 서서 바로 고개를 꺾었더라는…

당몰샘에서 물 한 모금 입에 물고 천천히 음미해본다. 우리나라 3대 광천수라고 했
다. 그런데 이런, 별맛이 없다. 다만 차고 달다는 느낌? 하기야 이미 간사해질 대
로 간사해진 입맛으로 어찌 천년의 깊은 맛을 느낄 수가 있으랴. 이처럼 유구한 역
사 앞에선 나도 어쩔 수 없는 속물이다. 물병에 샘물을 채워 들고 쌍산재에 든다.
대숲에 둘러싸인 삼백년 고택의 운치가 은은하게 퍼진다. 안채 대청마루에 앉아 잠
시 옛사람들의 발자취를 더듬어본다. 이 고택에는 아주 특별한 뒤주가 있다. 보릿
고개 시절, 이 뒤주에 곡식을 가득 채워두면 배곯는 사람들이 필요한 만큼씩 퍼다
먹도록 하고 이듬해 농사를 지어 이자 없이 갚도록 했다고 한다. 일찍이 '나눔의
미학'을 실천해온 옛 선인들의 의미 있는 유물이라 할 수 있겠다.

도선국사가
천년 장수마을에 간 까닭은?
상사마을

● 상사청정길

'모래 위에 그린 그림' 이라는 뜻을 가진 사도리(沙圖里)는 상사(上沙)마을과 하사
(下沙)마을로 나뉘어져 있지만 본시 한 마을이었다. 1986년 인구통계조사 결과 전
국 제1의 장수마을로 꼽히면서 세간에 알려지기 시작한 상사마을. 과연 그 장수비
결은 뭘까. 마을 주민들은 주저 없이 저 당몰샘을 꼽았다는데, 하긴 〈고려사기〉에
도 기록되어 있을 만큼 좋은 샘이니 두 말 하면 무엇하랴. 물만 바꿔도 오래 살 수
있다고 하지 않던가. 이 마을에 오면 함부로 나이 자랑하지 말아야 한다. 마을회관
앞 당산나무가 동조하듯 그럼, 그럼, 헛기침을 한다. 그늘이 깊고 웅숭깊다.

마을 위 지리산둘레길을 향해 발걸음을 옮긴다. 당몰샘의 물 때문인가? 발걸음이
가볍다. 사우정(沙友亭) 정자에 모여앉아 새끼를 꼬고 있는 어르신들에게 다가가
정중히 인사를 건넨다. 너나 할 것 없이 정정하고 성성한 얼굴들… 칠십이 넘었다

도선국사가
천년 장수마을에 간 까닭은?
상사마을

● 상사청정길

는 노인이 이 마을에선 청년으로 불린단다. 그런데 가만히 보니 새끼줄을 꼬는 것이 아니라 새끼에다 계란을 엮고 있다. 먹을 것이 없어 계란 하나도 귀하던 시절, 이렇게 계란을 엮어 장에 나가 팔기도 했단다. 짚으로 만든 계란꾸러미 두 줄을 기념으로 건네주시는 이장님의 후박한 인정에 몸도 마음도 한결 가벼워진다. 게다가 유정란이라니… 여기가 바로 전통문화체험, 그 소중한 삶의 현장이 아닌가.

지리산둘레길 구례 제3구간 샘골에서 상사마을에 이르는 길은 비교적 완만하고 시골 풍경
의 정취를 제대로 느낄 수 있는 구간이다. 그 마지막 구간을 유지, 관리하고 있는 상사마을
에 들러 탐방객들은 천하제일 약수로 원기를 회복하고 힘을 비축해 다음 행선지로 향한다.
탐방객들과 어울려 상사마을 구간을 걸어본다. 드문드문 보이는 자생 차나무와 3만여 평에
이르는 녹차밭은 덤으로 얻을 수 있는 즐거움이다. 또한 오래된 동백나무숲을 걷는 것만으
로도 모든 피로가 사라지는 듯하다. 아무도 수확하지 않는 동백 열매를 따서 동백기름을 짜
머릿결에 발라보는 것은 어떤가. 군데군데 보이는 멧돼지의 흔적이 원시 그대로의 자연을
말해준다. 동백나무숲 너머로 텃밭을 일구는 한 부부의 모습이 평화롭기만 하다. 귀농인이
라는 저 부부의 미래도 틀림없이 평화로울 것이다. 상사마을에 가면 누구나 행복하게 살 권
리를 다시 부여받을 수 있다.

상사청정길 느리게 걷기 逍遙

● 연계 가능한 도보여행길 소개

》 지리산둘레길

- 지리산길(둘레길)은 산림청 주관하에 산림 녹색자금 100억원을 지원받아 2007년에 창립한 사단법인 숲길이 국내 최초로 둘레길 조성 프로젝트를 기획하고, 지리산길 조사, 설계, 정비하여 조성되었다. 지리산 둘레 3개도 (전북, 전남, 경남), 5개시군(남원, 구례, 하동, 산청, 함양) 16개읍면 80여개 마을을 잇는 300여km의 장거리 도보길이며 지리산 곳곳에 걸쳐 있는 우수한 자연환경 및 다양한 역사문화자원과 더불어 옛길, 고갯길, 숲길, 강변길, 논둑길, 농로길, 마을길 등을 환(環)형으로 연결하고 있다.

- 오미—방광 구간은 섬지뜰 품고 가는 마을 마실길로 오미마을—하사마을—상사마을—황전마을—당촌마을—수한마을—방광마을로 거리 12.2km, 소요예상 5시간이다. 지리산둘레길은 상사마을을 지나지 않고 마을 뒤 숲길을 통해 둘러서 황전마을로 이어진다.

● 그린로드 코스 소개

》 상사청정길

- 그린로드인 상사청정길은 조상의 옛 삶을 체험 할 수 있는 쌍산재와 장수비결의 옛 샘물, 그리고 마을의 체험을 두루 느낄 수 있는 길이다. A코스 상사체험길은 기존 지리산 둘레길의 상사마을구간과 동일하게 걷다가 갈림길의 이정표를 지나 길을 따라 올라간다. 오르다보면 왼쪽에 소로와 만나게 된다 소로를 따라 걷다보면 상사마을로 이어지는 작은 계곡을 만날 수 있다. 계곡을 건너 산책로를 따라 마을로 내려가면 색다른 분위기의 길을 걸을 수 있을 것이다. 마을길에 접어들면 동백나무숲 이정표를 볼 수 있는데 이정표 안쪽으로 진입하여 동백나무숲을 지나 고추밭 사잇길로 다시 둘레길과 만난다. 둘레길을 따라 가면 쉬어갈 수 있도록 쉼터가 마련되어 있는데 이 곳에서 마을을 조망할 수 있다. 다시 길을 따라 걷다보면 둘레길 및 마을 이정표가 나오는데 마을 이정표를 따라 왼쪽으로 내려와 가리샘에서 목을 축이고 더 내려오면 마을노인정 및 체험장에 도착하게 된다. 마을의 체험을 즐기는 것도 또 하나의 즐거움이라 하겠다. 다시 둘레길 지점으로 합류하여 도보여행을 할 수 있다.

- 사도저수지길은 마을노인정 및 체험장에서 마을입구 방면의 길을 따라 전통한옥을 느낄 수 있는 쌍산재(숙박가능)와 명천인 당몰샘을 지난다. 길 오른편에 사도저수지로 올라간 후 왼편의 숲길을 따라 공원묘지를 지나 다시 둘레길과 만난다. 둘레길을 따라 오른편으로 내려와 우측의 마을 길을 따라 다시 코스 시점으로 돌아온다.

사도저

상사마을 찾아가는 길

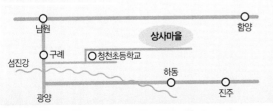

상사청정길 총 코스
거리 : 약 2.5km
총 소요시간 : 약 40분

기존길사업구간(산림청 : 지리산둘레길)
A(상사체험길)코스
B(사도저수지길)코스

B(사도저수지길)코스
(약 3km, 약 55분 소요)
: 노인정 및 체험장–쌍산재–사도저수지–
공원묘지–지리산둘레길–마을길–노인정
및 체험장

A(상사체험길)코스
(약 2.3km, 약 40분 소요)
: 마을 산책로–계곡–마을 산책로–마을길–
동백나무숲–전망쉼터–가리샘–노인정 및
체험장–지리산둘레길 지점

전망쉼터

가리샘

동백
나무숲

옛 빨래터

체험장
기존 길사업
연결구간

재

상사마을에 가면...

● 상사청정길

봄

Spring

녹차 만들기 체험

상사마을엔 녹차 밭이 꽤 넓게 있다. 아주 오래 전 부터 자생차나무 밭이 내려오고 있었고 10여 년 전부터 재배도 하기 시작해 그 규모가 크다. 상사마을에 오면 녹차를 직접 만들어 볼 수 있다. 일상적으로 먹는 녹차를 한번 만들어 보고 그 과정을 본다면 녹차에 대한 이해가 더 쉽게 다가올 것이다. 제조 과정은 보통 잎을 따서 즉시 가열을 하는데 덖는다고 표현한다. 그렇게 산화효소를 파괴시켜 녹색을 그대로 유지하면서 수분을 증발시키기 위해 손으로 덖는데 잎이 흐늘흐늘해져 잎이 말아진다. 이것을 말리면 시중에 파는 녹차의 한 가지 형태가 된다. 직접 만든 녹차를 마셔보면 그 맛이 월등히 좋을 것이다.

Tip
녹차

녹차는 중국과 인도가 처음으로 생산하여 사용하기 시작한 것으로 알려져 있다. 그 후 아시아 각 지역으로 전파 되어 오늘날에는 많은 나라에서 재배되고 있다.

녹차는 제조과정에서의 발효 여부에 따라 녹차, 홍차, 우롱차로 나뉘는데 그 원료는 모두 차나무 잎으로 한다. 새로 돋은 가지에서 딴 어린잎을 차 제조용으로 사용하며, 대개 5월, 7월, 8월의 3차례에 걸쳐 잎을 따는데, 5월에 딴 것이 가장 좋은 차가 된다. 차나무는 상록수로 비교적 따뜻하고 강우량이 많은 지역에서 잘 자란다.

여름 **우렁이 농장 체험, 곤충체험**

상사마을은 우렁이로 친환경 농사를 짓고 있다. 우렁이 방사와 더불어 가재잡기, 다슬기 잡기 등 환경 체험을 할 수 있다. 가재나 다슬기가 산다는 건 그 물이 건강하다는 뜻이다. 상사마을은 눈으로 보기만 해도 청정지역이라는 것을 알 수 있지만 가재나 다슬기를 잡으면서 단순히 잡는 것이 목적이 아니라 그것을 통해 자연과 생태, 환경 공부를 직접 체험하는 기회가 될 수 있다. 논에 우렁이를 풀어 논농사를 짓는 방식은 우렁이들이 잡초를 갉아 먹어 논농사에 가장 골치 아픈 잡초를 제거해주는 것이다. 그야말로 우렁 각시다. 밥을 차려주는 것이 아니라 논농사를 해주는 우렁각시.

곤충체험은 애완용 곤충들의 애벌레부터 성충까지 볼 수 있는 체험이다. 사슴벌레, 장수풍뎅이 등의 애벌레와 성충을 볼 수 있는데 곤충들을 배우므로 해서 자연을 배우는 계기가 될 수 있다. 곤충들이 어떤 환경에서 사는지를 알면, 곤충들이 살지 못한다면 그 환경이 파괴됐다는 것을 알 수 있는 것이다. 애벌레 한 마리에 우리 사람들의 환경이 담겨 있음을 알 수 있다.

승마체험, 사슴농장체험, 우리밀빵체험

일상생활에서 말을 타는 것은 고사하고 말 구경하기도 힘들다. 사실 우리나라에서도 예전에는 말이 생활의 일부였었는데 지금은 그 흔적이 완전 사라지고 말았다. 그저 지명으로 겨우 남아 있을 뿐이다. 그럼에도 불구하고 말은 우리와 친숙하다. 트로이목마 얘기부터 놀이터에 가면 회전목마가 있고 아저씨들이 끌고 다니는 리어카 목마도 있다. 상사마을에 오면 그 말을 타볼 수 있다. 처음 타는 말이라 다소 겁도 나고 어색할 수도 있지만 가을풍경 속으로 말을 타고 가본다면 정말 멋진 추억이 될 것이다. 맑은 하늘에 너울거리는 구름들, 향긋한 바람, 그 풍경 속에 말을 탄 주인공이 되어 보시라. 이곳에는 사슴농장이 있어 사슴들을 가까이 볼 수 있고 먹이도 줄 수 있다. 엘크 사슴과 예쁜 꽃사슴을 가까이서 볼 수 있는 기회이다. 엘크사슴은 덩치도 크고 뿔도 큰 사슴으로 진기한 구경거리라 할 수 있다.

상사마을엔 밀을 많이 재배하고 있어 빵 만들기 체험이 있다. 지금 현실적으로 우리밀로 만든 빵을 먹어보기는 어렵다. 이곳에서는 맛있고 건강에도 좋은 우리 밀 빵을 만드는 체험을 할 수 있다. 빵을 만드는 즐거운 체험과 내가 만든 빵을 먹어 볼 수 있는 즐거움도 있다. 피자를 만들어 볼 수도 있고 다양한 빵 만들기 체험을 할 수 있다.

겨울 한옥민박체험

상사마을은 전통 한옥이 잘 보존된 마을이다. 요즘은 이러한 한옥을 구경하기도 어려운데 이곳에는 한옥이 잘 보존돼 있고 한옥에서 잘 수도 있다. 콘크리트 아파트에서 사는 도시인들에게는 색다른 경험이 될 수 있다. 한옥은 우리의 전통 가옥인데 현대화가 되면서 거의 다 사라져버려 요즘은 그저 구경이나 할 수 있는 집이 됐다. 한옥은 참으로 아름다운 집이다. 나무와 흙으로 자연스럽게 지어진 집이라 냄새부터 다르고 따뜻함이 배어나오는 집이다. 물론 옛날 집은 불편한 점이 없는 것은 아니다. 화장실이나 부엌 등이 따로 돼 있고 보온이 부족해 겨울에 춥고 하는 점은 있지만 이곳의 한옥 체험은 잠시 머무는 것이라 그런 것은 전혀 걱정할 필요가 없고 아이들에게 우리의 전통 집이 어떤 것인지 보여주고 체험해 볼 수 있는 기회를 주는 것은 무엇보다 중요하다 하겠다.

또 집도 집이지만 마당이 있어 나무와 꽃들이 어우러져 자라고 있는데 어찌 보면 집이라는 것이 사람이 자는 방 만이 아니라 마당과 담 이웃이 있어야 집이라는 생각이 들 정도로 아름답다.

■ **숙박시설 및 길안내**
이곳은 한옥민박과 일반민박이 있으며 마을회관에서 민박배정을 하고 있다.

예약 및 문의
강정순 010-8021-4877, 062-782-4048

홈페이지 **www.jangsuchon.net**

∷ 구례십경

오산과 사성암 : 암벽에 서 있는 부처의 모습이 조각되어 있는데 이를 마애여래입상이라 한다. 원래 오산암이라 불리다가 이곳에서 원효, 도선, 진각, 의상 등 네 성인이 수도하였다하여 사성암이라 부르고 있다.

노고단운해 : 노고단 아래 펼쳐지는 구름바다는 그야말로 절경이다. 남쪽으로부터 구름과 안개가 밀려와 노고단을 감싸 안을 때 지리산은 지리산이 된다.

반야봉낙조 : 반야봉에 오르는 기쁨은 낙조의 장관에서 찾는다. 세속에 찌든 사람의 마음을 정화시켜 주는 곳이다.

피아골단풍 : 10월 하순경에 절정을 이루는 피아골 단풍은 온갖 색상으로 채색한 그 나뭇잎들은 사람들의 마음을 빼앗아 버리고 만다.

섬진강청류 : 섬진강은 진안군 마이산에서 발원하여 500리 물길을 이루는 강으로 전국에서 가장 깨끗한 강이다.

산동산수유꽃 : 구례군 산동은 가장 먼저 봄을 알리는 꽃 산수유가 핀다. 가을에는 붉은 산수유 열매들이 피고.

섬진강벚꽃길 : 이 곳 벚꽃 길은 92년부터 조성되어 곡성에서 하동까지 연결되어 있다. 강변을 따라 만발하는 벚꽃 길속으로 들어오면 마치 동화 속에 들어온 것 같을 것이다.

수락폭포 : 산동면 소재지인 원촌마을에서 4km 거리인 수기리에 위치한 수락폭포는 하늘에서 은가루가 쏟아지는 듯한 아름다운 풍치를 이룬다.

천년고찰화엄사 : 노고단, 화엄계곡을 비롯한 뛰어난 자연경관과 불교문화가 어우러져 천년의 고요함이 배어 있는 곳이다.

노고단설경 : 노고단 정상은 길상봉이라 불리며 정상에서부터 서쪽으로 완만한 경사를 이루며, 30만평의 넓은 고원이 있다. 그 고원에 눈 내린 모습을 보면 너무 가슴이 벅차 말이 안 나올 것이다.

∷ 수락폭포

구례군 산동면 수기리에 있는 폭포이다. 폭포 물줄기 아래로 다가가기가 쉽고 수온도 오래도록 물맞이 하기에 적당하다. 물맞이 하는 사람들 구경하는 재미로 찾는 관광객도 많은 곳이다. 지리산국립공원 서쪽 변두리의 구례군 산동면 수기(水基)리는 국립공원 구역에서도 제외된 한적한 산촌이다. 하지만 매년 7월 말 복더위가 시작될 무렵이면 갑자기 수백 명 인파가 줄을 잇기 시작한다. 수기리 중기마을 위쪽 계곡에 걸쳐진 수락폭포 물줄기를 맞으며 더위도 식히고 허리나 어깻죽지의 뻐근한 통증도 다스릴 겸 해서 너도나도 몰려드는 것이다. 이렇듯 치병을 겸한 피서 행렬은 8월 15일 경까지 끊이지않는다.

농촌마을 길, 강변따라 쉬엄쉬엄 걷기 그린로드

초판 1쇄 인쇄 2018년 05월 15일
초판 1쇄 발행 2018년 05월 25일
지은이   농촌진흥청
펴낸이   이범만
발행처   **21세기사**
등록   제406—00015호
주소   경기도 파주시 산남로 72-16 (10882)
전화 031)942-7861 팩스 031)942-7864
홈페이지 www.21cbook.co.kr
e-mail   21cbook@naver.com
ISBN 978-89-8468-755-4